U0247397

湖北暴雨与经济社会发展概论

郑治斌　崔新强　编著

气象出版社
China Meteorological Press

内 容 简 介

近年来,随着全球气候变暖,湖北极端天气气候事件发生的频率越来越高,强度也越来越大,对经济社会发展和人民福祉安康的威胁日益加剧。本书主要介绍了湖北暴雨的概况、主要特征和演变趋势、致灾规律,分析了暴雨对湖北经济社会发展的影响,概述了湖北暴雨资源利用及灾害防御的进展,提出了湖北暴雨资源利用的针对性对策和湖北暴雨灾害防御的措施和对策建议,对人们认知湖北暴雨的特点,掌握其发生变化规律,强化暴雨灾害应对措施,提高社会的承载能力,减少暴雨灾害风险,趋利避害,进一步提高防灾减灾避灾效益具有重要参考价值。本书可供气象、自然资源、应急管理、生态环境、农业、交通、防灾减灾等行业的管理和科技人员阅读和参考,也可作为一本科普读物。

图书在版编目(CIP)数据

湖北暴雨与经济社会发展概论/郑治斌,崔新强编

著. --北京:气象出版社,2019.6

ISBN 978-7-5029-6988-2

Ⅰ. ①湖… Ⅱ. ①郑… ②崔… Ⅲ. ①湖北-暴雨-影响-区域经济发展-研究 ②湖北-暴雨-影响-社会发展-研究 Ⅳ. ①P426.62 ②F127.63

中国版本图书馆 CIP 数据核字(2019)第 130996 号

湖北暴雨与经济社会发展概论

出版发行:气象出版社

地　　址:北京市海淀区中关村南大街 46 号　　**邮政编码:**100081

电　　话:010-68407112(总编室)　　010-68408042(发行部)

网　　址:http://www.qxcbs.com　　**E-mail:**qxcbs@cma.gov.cn

责任编辑:周　露　粟文瀚　黄红丽　　　　**终　　审:**吴晓鹏

责任校对:王丽梅　　　　　　　　　　　　**责任技编:**赵相宁

封面设计:楠竹文化

印　　刷:北京中石油彩色印刷有限责任公司

开　　本:710 mm×1000 mm　1/16　　　　**印　　张:**9

字　　数:144 千字　　　　　　　　　　　**彩　　插:**2

版　　次:2019 年 6 月第 1 版　　　　　　　**印　　次:**2019 年 6 月第 1 次印刷

定　　价:55.00 元

前　言

湖北省地处亚热带,位于典型的季风区内。全省除高山地区外,大部分为亚热带季风性湿润气候。地势为三面环山,中间低平,略呈向南敞开的不完整盆地,地形地貌多样,各种自然灾害呈现不同的发展态势,是自然灾害多发的省份之一。近年来,随着全球气候变暖,一些极端天气气候事件发生的频率越来越高,强度越来越大,对湖北省经济社会发展和人民福祉安康的威胁日益加剧。湖北暴雨每年都会发生,暴雨诱发的灾害时有发生。

湖北暴雨频次高,持续时间长,影响范围广,常常诱发洪水、雨涝(简称洪涝)灾害和山洪、泥石流、滑坡等次生灾害,造成严重的人员、财产和经济损失。本书所称暴雨灾害主要是指洪涝灾害。湖北暴雨对经济社会发展影响重大,既有危害,也有积极意义,但每年受影响程度不同。根据湖北暴雨灾害发生的情况,湖北省坚持以防为主、防抗救相结合,坚持常态减灾和非常态救灾相统一,努力实现从注重灾后救助向注重灾前预防转变,从应对单一灾种向综合减灾转变,从减少灾害损失向减轻灾害风险转变,全面提升全社会抵御自然灾害的综合防范能力。本书主要介绍了湖北暴雨的概况、主要特征和成因,分析了湖北暴雨对经济社会发展的影响和危害,概述了湖北暴雨资源利用及灾害防御的进展,提出了湖北暴雨资源利用的针对性对策和湖北暴雨灾害防御的措施和对策建议。对人们认知湖北暴雨的特点,掌握其发生变化规律,强化暴雨灾害应对措施,提高社会的承载能力,对于降低暴雨灾害风险,趋利避害,进一步提高防灾减灾避灾效益、保障湖北经济社会可持续发展具有十分重要的现实意义。

由于本书的内容涉及气象、自然资源、应急管理、农业、交通、生态环境等多学科领域,为了适应多专业人员的阅读需要,力争做到既通俗易懂,又具有一定的科技水平,期冀能让有关部门和领导、有关学科专业人员、社会公众了解湖北暴雨及其影响,采取切实可行的应对和减轻暴雨灾害损失,更好地为湖北省经济社会可持续发展服务。

本书在编著和出版过程中得到了湖北省气象学会、气象出版社的大力支持,姜海如研究员给予了指导和斧正、史瑞琴高工进行了部分修改,同时参阅了大量文献资料,大部分引文在参考文献中作了标注,但由于所涉及的文献资料较多,部分引用资料未在标注中列出,在此一并致谢。

　　本书的文稿虽然经过多次修改,但因内容涉及面广,一些研究还不够深入,且囿于编者的学识水平,书中难免有不当之处,恳请读者、专家和同仁批评指正。

编者

2019 年 2 月

目　录

第 1 章

湖北地理与气候概况

　　湖北省位于我国的中部、长江中游,地貌类型复杂多样,省内河流湖泊众多,季风气候明显,是我国气象灾害多发、频发的区域之一,因暴雨、洪涝、干旱等气象灾害造成重大损失时有发生(谢萍,2017)。在各种气象灾害中,暴雨是最常见和最具有威胁性的。同时,暴雨天气出现时,多伴随雷电和狂风,常导致地面积水、河道漫溢、农田毁坏、房屋倒塌、雷击建筑物等,从而造成人员伤亡和经济损失。

1.1　湖北地理概况[①]

　　湖北省地处东经 $108°21'42''\sim116°07'50''$、北纬 $29°01'53''\sim33°06'47''$,东邻安徽,南界江西、湖南,西连重庆,西北与陕西接壤,北与河南毗邻。东西长约 740 千米,南北宽约 470 千米。全省土地总面积 18.59 万平方千米,占全国总面积的 1.94%。

　　湖北省地势大致为东、西、北三面环山,中间低平,略呈向南敞开的不完整盆地。在全省总面积中,山地占 56%,丘陵占 24%,平原湖区占 20%。

　　湖北省山地大致分为四大块。西北山地为秦岭东延部分和大巴山的东段。秦岭东延部分称武当山脉,呈北西—南东走向,群山叠嶂,岭脊海拔一般在 1000 米以上,最高处为武当山天柱峰,海拔 1612.1 米。大巴山东段由神农架、荆山、巫山组成,森林茂密,河谷幽深。神农架最高峰为神农顶,海拔 3105.4 米,素有"华中第一峰"之称。荆山呈北西—南东走向,其地势向南趋降为海拔 250~500 米的丘陵地带。巫山地质复杂,水流侵蚀作用强烈,一般相对高度在 700~1500 米,局部达 2000 余米。长江自西向东横贯其间,形成雄奇壮美的长江三峡,水利资源极其丰富。西南山地为云贵高原的东北延伸部分,主要有大娄山和武陵山,呈北东—南西走向,一般海拔高度 700~1000 米,最高处狮子垴海拔 2152 米。东北山地为绵亘于豫、鄂、皖

---

　　① 引自(湖北省人民政府办公厅,2017)

边境的桐柏山、大别山脉,呈北西—南东走向。桐柏山主峰太白顶海拔 1140 米,大别山主峰天堂寨海拔 1729.13 米。东南山地为蜿蜒于湘、鄂、赣边境的幕阜山脉,略呈西南-东北走向,主峰老鸦尖海拔 1656.7 米(图 1.1)。

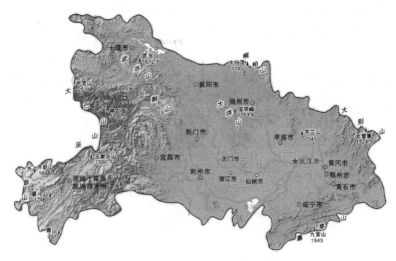

图 1.1　湖北省地形图(崔讲学,2015)

湖北省丘陵主要分布在两大区域,即鄂中丘陵和鄂东北丘陵。鄂中丘陵包括荆山与大别山之间的江汉河谷丘陵,大洪山与桐柏山之间的水流域丘陵。鄂东北丘陵以低丘为主,地势起伏较小,丘间沟谷开阔,土层较厚,宜农宜林。

湖北省内主要平原为江汉平原和鄂东沿江平原。江汉平原由长江及其支流汉江冲积而成,是比较典型的河积-湖积平原,面积 4 万多平方千米,整个地势由西北微向东南倾斜,地面平坦,湖泊密布,河网交织。大部分地面海拔 20~100 米。鄂东沿江平原也是江湖冲积平原,主要分布在嘉鱼至黄梅沿长江一带,为长江中游平原的组成部分。这一带注入长江的支流短小,河口三角洲面积狭窄,加之河间地带河湖交错,夹有残山低丘,因而平原面积收缩,远不及江汉平原平坦宽阔。

湖北省境内除长江、汉江干流外,省内各级河流河长 5 千米以上的有 4228 条,河流总长 5.92 万千米,其中河长在 100 千米以上的河流 41 条。长江自西向东,流贯省内 26 个县市,西起巴东县鳊鱼溪河口入境,东至黄梅滨江出境,流程1041千米。境内的长江支流有汉水、沮水、漳水、清江、东荆河、陆水、澴水、倒水、举水、巴水、浠水、富水等。其中汉水为长江中游最大支流,在湖北省境内由西北趋东南,流经13个县市,由陕西白河县将军河进入湖北省郧西县,至武汉汇入长江,流程858千米。湖北素有"千湖之省"之称,境内湖泊主要分布在江汉平原上,现有湖泊755个,湖泊水面面积合计2706.851平方千米,其中100平方千米以上的湖泊有洪湖、长湖、梁子湖、斧头湖。

根据湖北省自然地理和气候特点,在气象业务服务中划分为鄂西北、鄂东北、鄂西南、江汉平原、鄂东南五个自然预报区,具体划分范围见图1.2。

图1.2 湖北省五个自然预报区图(崔讲学,2015)

1.2 湖北气候概况

湖北省地处亚热带,位于典型的季风区内。全省除高山地区外,大部分为亚热带季风性湿润气候,光能充足,热量丰富,无霜期长,降水充沛,雨热同季。全省大部分地区太阳年辐射总量为85～114千卡/平方厘米,多年平均实际日照时数为1100～2150小时。其地域分布从鄂东北向鄂西南递减,鄂北、鄂东北最多,为2000~2150小时;鄂西南最少,为1100~1400小时。其季节分布夏季(6月、7月、8月)最多,冬季(12月、1月、2月)最少,春秋两季因地而异。全省年平均气温15 ℃~17 ℃,大部分地区冬冷、夏热,春季(3月、4月、5月)气温多变,秋季(9月、10月、11月)气温下降迅速。一年之中,1月最冷,大部分地区平均气温2 ℃~4 ℃;7月最热,除高山地区外,平均气温27 ℃~29 ℃,极端最高气温可达40 ℃以上。全省无霜期在230~300天之间,各地平均降水量在800~1600毫米之间。降水地域分布呈由南向北递减趋势,鄂西南最多达1400~1600毫米,鄂西北最少为800~1000毫米。降水量分布有明显季节变化,一般为夏季最多,冬季最少,全省夏季雨量在300~700毫米之间,冬季雨量在30~190毫米之间。6月中旬至7月中旬雨量最多,强度最大,是湖北的梅雨期。

冬季干燥,夏季多雨。冬季湖北省在变性极地大陆气团控制之下,空气中的水汽含量少,空气相当干燥。冬季南下冷空气前沿冷锋过境时产生的雨雪天气,降水量一般不大。冷锋过境后,受冷空气的控制,天气又晴朗无雨。所以冬季是湖北省全年降水最少的季节,降水量一般在30~150毫米之间,仅占全年降水量的4%~13%。

6月中旬到7月中旬,夏季风活跃于长江中下游的沿江两岸。此时,中纬度西风带环流形势有利于引导地面冷空气不断南下,到长江中下游与暖湿的西南气流相遇,形成了包括湖北省在内的江淮梅雨期。7月中旬到8月下旬为盛夏期,虽然这一时期是湖北省夏季的一个相对少雨期,但平均降水量仍有130~170毫米。各地夏季(6—8月)平均降水量350~500毫米,占年平均降水量的35~50%。由于湖北省地处我国中部,夏季风较为盛行,降水多,成为世界上同纬度降水量较多的地区。

雨热同季。夏季,湖北省天气呈现高温高湿特点,此时正值夏季风盛行期,由于东南季风和西南季风带来丰沛的水汽,降水集中,形成高温期和多雨期相一致,即"雨热同季"。夏季高温多雨是一种十分有利的气候资源,对农业、林业发展非常有利,适宜栽培喜温、喜湿的作物。

冬夏季长、春秋季短。按照气候季节划分标准(以$T_{候平均}$表示候平均气温,$T_{候平均} \geqslant 22$ ℃为夏季,$T_{候平均} < 10$ ℃为冬季,10 ℃$\leqslant T_{候平均} < 22$ ℃为春秋季),一般情况下,湖北3月中下旬前后进入春季,5月下旬前后进入夏季,9月中旬前后进入秋季,11月中旬前后进入冬季,春季约70天,夏季约120天,秋季约60天,冬季约110天。表现为明显的冬夏季长、春秋季短的

特征。

旱涝灾害频繁。湖北大部分地区年平均降水量在 800～1600 毫米之间。降水地域分布呈由南向北递减趋势,鄂西南、鄂东南、鄂东北为降水最多区域,可达 1400 毫米以上,鄂西北为降水最少区域,一般在 700～900 毫米。素有"南有水袋子,北有旱包子"之说,南部防涝、北部抗旱经常同时出现。

1.3 湖北降水资源特征

1.3.1 年降水量[①]

1979—2000 年期间,湖北省年降水量单站的最大值为 2559.4 毫米(通城 1995 年的年降水量),次大值为 2332.5 毫米(鹤峰 1980 年的年降水量);年降水量的最小值为 503.6 毫米(竹山 1997 年的年降水量),次小值为 518.3 毫米(保康 1997 年的年降水量)。鄂西南、鄂东南、鄂东北为湖北省降水量最多的三个区域,年平均可达 1400 毫米以上,其中以鹤峰最大,年平均为 1662.9 毫米;崇阳次之,年平均为 1604.3 毫米。鄂西北为降水最少区域,年平均为 700～900 毫米,其中以丹江口为最小,为 788.6 毫米;郧西次之,为 797.7 毫米。

除高山地区外,湖北省各地年平均降水量在 800～1600 毫米之间。全省年降水量分布的总趋势是南多北少,东多西少。地形和海拔高度对年降水量的地理分布造成明显的影响,一般表现为:山区多于平原,山上多于山下,偏南暖湿气流的迎风坡多于背风坡。鄂东南幕阜山区、鄂西南武陵山区、鄂东北大别山区为三个多雨区,也是暴雨多发地区,平均年降水量在 1300～1600 毫米之间;鄂西北和鄂北为少雨区,平均年降水量在 1000 毫米以下;其他地方在 950～1550 毫米之间(图 1.3)。1961—2018 年湖北省年平均降水量逐年变化见图 1.4。

1979—2000 年湖北省各地降水量的年际变化明显。年降水量的平均相对变率,全省变化在 9%～21% 之间。其地理分布比较复杂,总的说来,北部大于南部。十堰平均相对变率 21.3%,为全省之冠,石首平均相对变率 9.1%,为全省最小;鄂东南和江汉平原南部为全省低值区,在 15% 以下;

---

① 引自(崔讲学,2009)

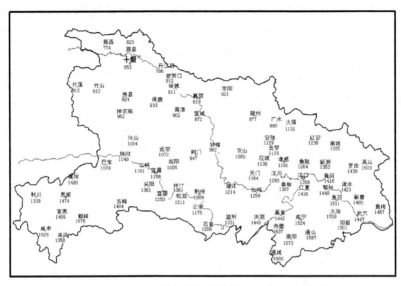

图 1.3 1981—2010 年湖北省年平均降水量分布图(单位:毫米)

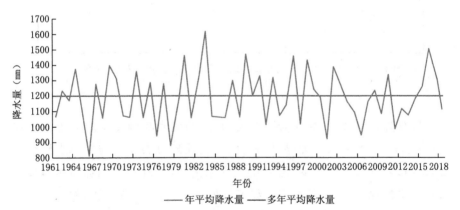

图 1.4 1961—2018 年湖北省年平均降水量逐年变化图

(多年平均时段为 1981—2010 年)

鄂西北、鄂东北和三峡一带各有一个高值区,在 18% 以上;其他地区大都在 15%~18% 之间。

湖北省年平均降水日数(日降水量≥0.1毫米为一个降水日)在108天(丹江口)～187天(鹤峰)之间(图1.5)。其地理分布特征为:南部多于北部;同一纬度上,西部多于东部,中部最少。鄂西南和鄂东南,年平均降水日数一般都在140天以上。其中,鄂西南又比鄂东南多,恩施自治州达160天以上,鄂东南在140～150天之间。鄂北一带为全省少雨日区,年平均降水日数一般在115天以下。其他地区年平均降水日数都在115～140天之间。

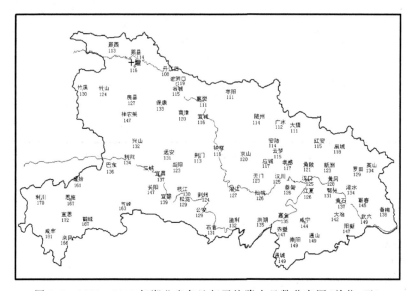

图1.5 1981—2000年湖北省各地年平均降水日数分布图(单位:天)

以日降水量≥25毫米为一个大雨日,湖北省各地年平均大雨日数在6.9天(丹江口)～20.2天(崇阳)之间。其地理分布特征与年降水量相一致,即南多北少,东多西少(图1.6)。鄂东南、鄂东北东部和鄂西南是大雨日数最多的地区,其中鄂东南和鄂东北东部一般在16天以上,鄂西南一般在14天以上;鄂西北和鄂北是最少的地区,一般在8天以下;其他地区在10～15天之间。

以日降水量≥50毫米为一个暴雨日,湖北省各地年平均暴雨日数在0.9天(竹山)～6.6天(通城)之间。其地理分布特征也与年降水量相一致,即南多北少,东多西少(图1.7)。鄂东南、鄂东北东部和鄂西南是暴雨日数

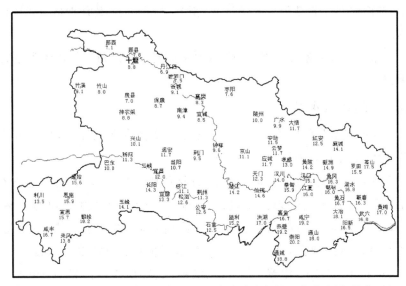

图 1.6　1981—2000 年湖北省各地≥25 毫米降水年均日数分布图(单位:天)

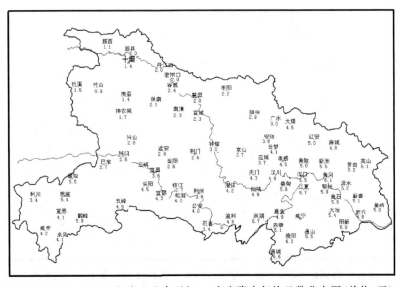

图 1.7　1981—2000 年湖北省各地≥50 毫米降水年均日数分布图(单位:天)

最多的地区,其中鄂东南和鄂东北东部一般在 5 天以上,鄂西南一般在 4 天以上;鄂西北和鄂北是最少的地区,一般在 2 天以下;其他地区在 2～4 天之间。

降水强度增大是导致鄂东和江汉平原东部年降水量增加比较明显的主要因素。

1.3.2 四季降水量①

湖北省降水量的四季分配,在各地、各季都有明显的差异,存在明显的季节变化,一般是夏季最多,冬季最少。

春季(3—5 月)湖北省降水量总的分布特征是南多北少、东多西少。其中,西部地区主要表现为南多北少,而中、东部地区则表现为南多北少、东多西少,降水量等值线呈东北—西南走向(图 1.8)。鄂东南是春季降水量最多的地区,达 500～570 毫米;鄂西北是春季降水量最少的地区,只有 170～210 毫米;鄂东、江汉平原、鄂西南一般都有 300～500 毫米;其他地区在 200～300 毫米之间。全省各地春季降水量占全年降水量的 20%～35%。

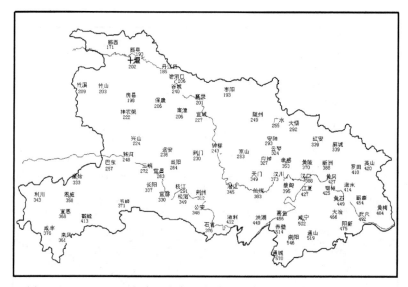

图 1.8　1981—2000 年湖北省各地春季平均降水量分布图(单位:毫米)

---

① 引自(崔讲学,2009)

　　夏季(6—8 月)降水量是各季节中最多的一季。湖北省各地夏季降水量一般占全年降水量的 40％～50％。除高山地区外,全省各地夏季平均降水量在 337 毫米(老河口)～813 毫米(鹤峰)之间(图 1.9)。其中,鄂西南、鄂东南和鄂东北东部最多,一般在 600 毫米以上;鄂西北和鄂北最少,一般在 450 毫米以下;其他地区在 450～600 毫米之间,东部多于西部,南部又多于北部。

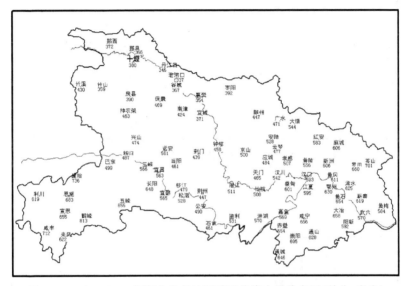

图 1.9　1981—2000 年湖北省各地夏季平均降水量分布图(单位:毫米)

　　秋季(9—11 月)湖北省降水量比夏季明显减少,除鄂西北山区外,也比春季降水量少,总的分布特征是南多北少、西多东少(图 1.10)。全省高山以下地区秋季平均降水量在 179 毫米(枣阳)～341 毫米(鹤峰)之间,占全年降水量的 17％～26％。鄂西秋雨特征依然明显,鄂西南在 250 毫米以上,鹤峰、咸丰达到 340 毫米;鄂东和江汉平原中、南部一般在 220～280 毫米之间;鄂西北也有 200～230 毫米;鄂北最少,只有 180～200 毫米;其他地区在 200～220 毫米之间。

　　冬季(12 月—次年 2 月)湖北省降水量最少,仅占全年降水量的 5％～12％,总的分布特征与年降水量大体相似,也是南多北少、东多西少,等雨量线呈东北—西南走向(图 1.11)。全省冬季平均降水量以鄂东南山区最多,在

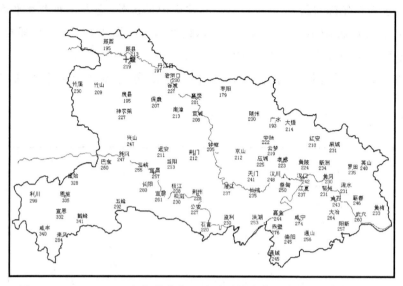

图 1.10 1981—2000 年湖北省各地秋季平均降水量分布图(单位:毫米)

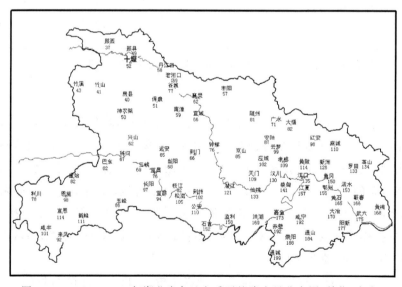

图 1.11 1981—2000 年湖北省各地冬季平均降水量分布图(单位:毫米)

170～200 毫米之间,其中通城平均降水量为 199 毫米,为全省最多;以鄂西北山区最少,在 60 毫米以下,郧西平均降水量只有 37 毫米,为全省最少;鄂东和江汉平原在 100～170 毫米之间;其他地区平均降水量在 60～100 毫米之间。

在四季中,除鄂西少数地方外,湖北省绝大多数地方春季降水变率最小,平均相对变率在 25.6%(恩施)～46.3%(京山)之间。总的分布特征为北部大于南部,中部大于东部,东部又大于西部。恩施自治州最小,在 30% 以下;江汉平原、鄂北和鄂东北最大,在 40% 以上;其他地区在 30%～40% 之间。夏季降水平均相对变率,除中山地区不到 30% 以外,其他低山河谷、平原湖区、丘陵岗地都在 30%～54% 之间。其分布特征大体为东部最大,在 45%～54% 之间;西部最小,在 40% 以下;中部居中,在 40%～50% 之间;南、北差异不明显。秋季降水平均相对变率比夏季大,其中江汉平原东部和鄂东北降水变率为全年四季最大。除高山地区外,全省秋季降水平均相对变率在 35.7%(利川)～65.6%(麻城)之间。总的分布特征为北部大于南部,东部大于中部,中部又大于西部。恩施自治州最小,在 45% 以下;鄂东北和鄂北最大,在 60% 以上;其他地区在 45%～60% 之间。全省冬季降水平均相对变率在 35.5%(宣恩)～73.7%(郧西)之间。除江汉平原东部和鄂东北以外,冬季降水变率为全年四季最大。总的分布特征与春季相似,即北部大于南部,中部大于东部,东部又大于西部。恩施自治州最小,在 50% 以下;鄂西北北部和鄂北最大,在 65% 以上;其他地方在 50%～65% 之间。由各季降水变率的地理分布来看,鄂西南均为低值区,东部和中部一般为高值区或次高值区,表明四季降水的年际变化幅度以鄂西南地区为全省最小,而中、东部地区为全省最大,因此其发生旱、涝灾害的几率要高于西部。

湖北省各季节降水日数,在中、东部 31°N 以南地区以春季为全年最多,夏季其次,在西部和中、东部 31°N 以北地区以夏季为全年最多,春季其次;秋季少于春季,冬季最少。各地春季降水日数在 40.8(枣阳)～65.2(利川)天之间,地理分布特征为南部多于北部,西部多于东部,山区多于平原湖区和丘陵、岗地。鄂西南春季降水日数在 50～65 天之间,其中以恩施自治州为全省最多,在 55 天以上;其次为鄂东南,在 55～60 天之间,江汉平原南部也在 50～55 天之间;鄂北和鄂西北北部为全省最少地区,在 42 天左右;其他地区在 44～50 天之间。各地夏季降水日数在 42.3(云梦)～69.4(鹤峰)

天之间,地理分布特征为西部多于东部,中部最少,南北无明显差异。鄂西南夏季降水日数在 55～70 天之间,其中以恩施自治州为全省最多,在 60 天以上;其次为鄂东南和鄂西北,在 50～60 天之间;其他地方在 40～50 天之间,其中以江汉平原东部和南部为全省最少,只有 45 天左右。各地秋季降水日数在 33.6(麻城)～58.8(利川)天之间,地理分布特征为西部多于东部,东部南部多于北部,中部南北无明显差异。鄂西南秋季降水日数在 45～59 天之间,其中以恩施自治州为全省最多,在 50 天以上;其次为鄂东南和鄂西北,都在 40 天以上,其中鄂西北在 40～47 天之间,与春季降水日数相当,鄂东南在 41 天左右,明显少于春季;鄂东北最少,在 35 天左右;其他地方在 35～40 天之间。各地冬季降水日数在 18.7(十堰)～49.3(宣恩)天之间,地理分布特征为南部多于北部,西部多于中、东部。冬季多雨日区也在鄂西南,降水日数在 30 天以上,其中恩施自治州为全省最多,在 40～50 天之间;其次为鄂东南,在 35～40 天之间,其冬季降水日数只比秋季减少不到 5 天;鄂北最少,只有 20 天左右;其他地区在 20～35 天之间。

1.3.3 月降水量[①]

湖北省各地逐月平均降水量呈单峰型分布(图 1.12)。因夏季降水多,汛期(5—9 月)5 个月降水量约占全年降水总量的 63%,其中又以 6 月中旬至 7 月中旬雨量最多,强度最大,是湖北省的梅雨期。

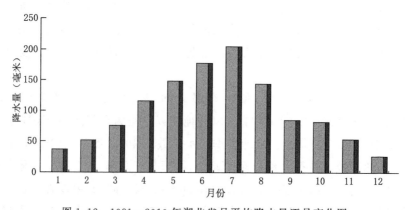

图 1.12　1981—2010 年湖北省月平均降水量逐月变化图

---

①　引自(崔讲学,2015;崔讲学,2009)

湖北省各地平均降水量一般以 12 月最少,月平均降水量在 10 毫米(郧西)~41 毫米(咸宁)之间,仅鄂西山区有少数几个县的月平均降水量以 1 月份最少,在 10~25 毫米之间。每年从 1 月开始到 6 月,月降水量逐渐增多,到 6 月或 7 月达到全年最多(仅鄂北有少数几个县出现在 8 月),最多月平均降水量在 129 毫米(襄樊)~337 毫米(鹤峰)之间。全年月平均降水量最多的月份,以石首、潜江、天门、武汉、新洲、罗田、英山一线为界,在此线以东、以南的地方为 6 月,以西、以北的地方为 7 月。这是由于前者夏季风的到来要比后者早一些。自 7 月以后,月平均降水量逐渐减少,到 12 月减为最低。

1981—2000 年湖北省各地降水日数的月际变化大部分呈三峰型,即 3—4 月(少数是 4 月)为春峰、6—7 月(主要是 7 月)为夏峰,10 月为秋峰。在湖北省中、东部的偏南地区,夏峰一般出现在 6 月;北部及西南部夏峰一般出现在 7 月。夏峰的雨日最多,在 15~25 天之间,其中鄂西南为 20~25 天,其他地区为 15~20 天;春峰的雨日次之,在 13~22 天之间,其中鄂西南为 18~22 天,鄂东南为 19~21 天,鄂东北为 15~18 天,江汉平原为 16~20 天,鄂北在 14 天左右;秋峰的雨日比春峰少,在 12~21 天之间,其中鄂西南为 16~21 天,中、东部地区一般为 12~15 天。此外,鄂西北地区降水日数的月际变化呈单峰型,即 7 月为全年之峰,雨日在 17~23 天之间;鄂东北和鄂西少数地方降水日数的月际变化呈双峰型,鄂东北地区,如罗田、浠水、英山只在 3 月和 7 月出现春峰和夏峰,而鄂西地区,如长阳、来凤也只在 7 月和 10 月出现夏峰和秋峰。一年中降水日数最少的月份,除鄂西北和鄂北一带为 1 月以外,其他地方均出现在 12 月。最少月的雨日一般为 5~16 天,其中鄂西南为 10~16 天,江汉平原南部为 10 天,鄂西北和鄂北一带为 6 天左右,其他地方为 8 天左右。

1.3.4　日降水量极大值

分析湖北省国家气象观测站建站至 2010 年资料,湖北省日降水量极大值一般出现在 6—9 月。日降水量极大值的最高值在阳新,为 538.7 毫米,出现在 1994 年 7 月 12 日,次高值在远安,为 392 毫米,出现在 1990 年 8 月 15 日,其他大部日降水量极大值在 140~300 毫米之间(图 1.13)(崔讲学,2015)。

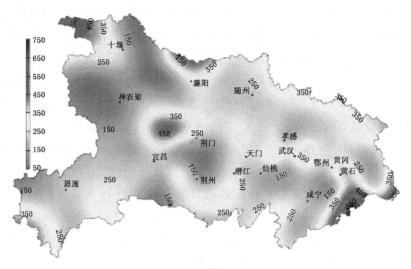

图1.13　自建站至2010年湖北省日降水量极大值分布图(单位:毫米)(附彩图)

(崔讲学,2015)

1.3.5　降雪[1]

除高山地区外,湖北省年平均降雪日数(当天出现降雪就统计为一个降雪日)在7.4(秭归)～37.9(神农架林区)天之间。其地理分布特征为:北部多于南部;同一纬度上,西部多于中、东部,低山以上山区多于丘陵和平原湖区(图1.14)。鄂东和鄂西南河谷、盆地年平均降雪日数在10天以下,如秭归为7.4天,浠水为8.1天;鄂西北海拔500米以下、鄂西南低山(海拔500～800米)地区在15～25天之间,中山(海拔800～1200米)地区在30～40天之间;中部地区在12～15天之间。

湖北省降雪一般发生在11月至次年4月,个别年份的10月下旬在海拔较高、位置偏北的地方,如神农架林区、房县、郧县、随州、广水等地偶尔也有降雪发生。降雪主要集中在冬季12月、1月和2月,又以1月为全年最多。1月平均降雪日数全省平原湖区、丘陵岗地一般在3～6天之间,海拔600米以下山地有4～7天,低山地区有7～11天,中山地区达到12～14天。

---

① 引自(崔讲学,2009)

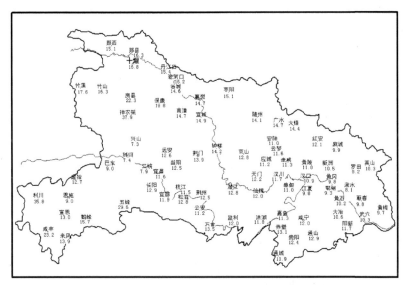

图 1.14　1981—2000 年湖北省各地年平均降雪日数分布图(单位:天)

　　除高山地区外,湖北省各地年平均积雪日数在 1.8(秭归)～23.8(神农架林区)天之间。其地理分布特征与年平均降雪日数大体一致,表现为北部多于南部;在同一区域,海拔越高,积雪日数越多;河谷、盆地和背风地区积雪少。鄂西南河谷、盆地在全省积雪最少,一般只有 2～5 天;其次是鄂东的大别山南麓背风区,年平均积雪日数 4～6 天;中部地区为 5～9 天,北部多于南部;鄂西北河谷、盆地有 6～10 天;处于中山地带的利川为 16.8 天,神农架林区达 23.8 天。

第 2 章

湖北暴雨特征

湖北暴雨具有强度大、灾情重、时空分布不均、发生频率高等特点。暴雨日数分布受地形影响,呈现多中心,主要表现为南部多于北部,东部多于西部,高山多于平原,迎风坡多于背风坡。湖北暴雨主要集中在5—8月,占全年暴雨总次数的 78.7%,呈现典型的梅雨期气候特征。鄂西南、鄂东南和鄂东北东部地区是湖北暴雨的多发地带。

2.1 暴雨定义与划分标准

国家标准《降水量等级》(GB/T 28592—2012)规定,24 小时降水量达50.0 毫米以上为暴雨,其中 50.0～99.9 毫米为"暴雨",100.0～249.9 毫米为"大暴雨",250.0 毫米以上称"特大暴雨"。

湖北省暴雨日的定义如下(崔讲学,2011):

暴雨:五个自然预报区中某一区日降水量≥50 毫米的测站≥3 个,定义该区为一个暴雨日;

大暴雨:五个自然预报区某一区日降水量≥100 毫米的测站≥2 个,定义该区为一个大暴雨日;

特大暴雨:五个自然预报区某一区日降水量≥200 毫米的测站≥1 个,定义该区为一个特大暴雨日。

优先级:特大暴雨—大暴雨—暴雨。以上等级达到任一标准则定义该区域为一个暴雨日,其日界为 08—08 时和 20—20 时。

在气象业务服务实践中,按照发生和影响范围的大小将暴雨划分为局地暴雨、区域性暴雨、大范围暴雨、特大范围暴雨、连续暴雨、集中暴雨等(崔讲学,2011;丁一汇 等,2009)。

(1)局地暴雨。局地暴雨历时仅几个小时或几十个小时左右,一般会影响几十至几千平方千米,造成的危害较轻,但当降雨强度极大时,也会造成严重的人员伤亡和财产损失。

(2)区域性暴雨。区域性暴雨一般可持续 3～7 天,影响范围可达 10～

20 万平方千米或更大,灾情随强度变化,有时因降雨强度极强,可能造成区域性的严重暴雨洪涝灾害。

(3)特大范围暴雨。特大范围暴雨历时最长,一般都为多个地区内连续多次暴雨组合,降雨可断断续续地持续 1～3 个月左右,雨带长时间维持。

(4)连续暴雨。单站连续暴雨:单站暴雨日达 2 天或以上,则该站出现一次连续暴雨;区域性连续暴雨:区域内日降水量连续 2 天或以上达到区域性暴雨标准,则该区域出现一次区域性连续暴雨。

(5)集中暴雨。按照湖北省雨型编码①,五个自然预报区中任意三个区编码之和≥9,则为一个区域性大到暴雨日。在五个自然预报区中,有一个自然区编码为 6,相邻自然预报区有一个编码为 4 或 5,则为一个区域性特大暴雨日。在任意 7 天中,有 3 个以上暴雨日,其中至少有一个区域性特大暴雨日,则为一次集中暴雨过程。

2.2　湖北暴雨特点

2.2.1　湖北暴雨基本特点

(1)暴雨主要发生在汛期。湖北暴雨一年四季都有发生,但绝大多数较大范围的暴雨出现在 5—10 月,所以每年 5—10 月为湖北省的汛期。这主要是因为夏季降雨和暴雨受来自印度洋和西太平洋夏季风的影响,湖北的雨季一般开始于夏季风的爆发而结束于夏季风的撤退。降雨强度和变化与夏季风脉动密切相关。湖北 6—8 月暴雨占总频次的 71%,而高峰期集中在 6 月中下旬到 7 月上旬,以及 8 月中下旬到 9 月上旬(丁一汇 等,2009)。

(2)暴雨强度大,极值常被刷新。与同纬度其他省份相比,湖北暴雨强度较大,不同时间长度的暴雨极值也很高。如 2016 年 7 月 17—18 日湖北境内出现局地强降雨,19—20 日连续 2 天出现区域性大暴雨,局部特大暴雨,过程特征为雨量大,雨带稳定少动,降水时段集中。19—20 日区域自动气象观测站 6 小时降雨有 15 站超 200 毫米;降水强度大,极端事件多发,建

---

①　一个自然预报区中,24 小时有 3 个及 3 个以上的站≥50 毫米,该自然预报区编码为 4,有 2 个及 2 个以上的站≥100 毫米,该自然预报区编码为 5,有 1 个及 1 个以上的站≥200 毫米,该自然预报区编码为 6。

始县日降水量突破历史极值,马良镇 32 小时累计雨量达 874.6 毫米,是 2016 年梅雨季最强降雨,6 小时、12 小时、32 小时累计雨量均突破湖北省有气象记录以来历史极值。2017 年 7 月 14—16 日,鄂西南出现局地强降雨。7 月 14 日 08 时—15 日 08 时,宜昌市东部和南部大到暴雨,局部大暴雨(五峰 126.6 毫米),超过 100 毫米的有 18 个气象自动观测站,最大降水量出现在五峰县湾潭镇的三眼泉气象自动观测站(211.2 毫米);五峰国家气象观测站 2 小时(15 日 02—03 时)降水量达 83.3 毫米,超百年一遇。

(3)暴雨持续时间长。湖北暴雨持续的时间一般为 2~7 天。据统计,湖北 85％的暴雨过程持续时间为 2~5 天,6 天以上的也占总暴雨过程的 14％(丁一汇 等,2009)。如 2016 年 6 月 30 日~7 月 6 日,湖北省出现大范围强降雨天气过程,7 天过程降雨总量大,9 个县(市、区)突破历史极值。7 天内鄂东、江汉平原出现 4 次区域性大暴雨过程,强降水反复冲刷中东部地区;降水强度大,麻城、大悟等 5 县(市)国家气象观测站日降水量突破历史极值,江夏 7 天降水量 733.7 毫米,为全省有观测记录以来最大值。

(4)暴雨区范围大。湖北区域性暴雨、大范围暴雨、特大范围暴雨时有发生。如 1998 年 5—9 月,长江流域上空暖湿气流持续旺盛,中高纬度常有低压槽东移,并引导北方冷空气分股南下,形成切变线,低涡徘徊于长江沿岸和江南,造成湘、鄂、赣、川、黔等省的暴雨天气。6—8 月,受副热带高压西北部的梅雨锋带影响,湖北省境内降雨过程频繁、暴雨次数多、范围广。全省共出现 13 次区域性暴雨过程。湖北省内共有国家气象观测台站 76 个,5—9 月共有 371 个站次出现暴雨,29 个台站出现达 6 天以上的暴雨,其中宣恩、来凤、鹤峰、长阳、黄石、江夏等站达 8 天或以上,73 个站次出现大暴雨,12 个站次出现特大暴雨。

2.2.2　湖北暴雨一般规律[①]

(1)春季暴雨。春季暴雨多发生在 4—5 月,我国大多南方省份于 4 月上旬左右进入汛期,湖北作为中部地区,在该时期主要是连阴雨造成春汛,在春季湖北主要暴雨发生在鄂东南一带。春季暴雨降雨强度虽小,但持续时间长。有时,还因有暴雨而发生春汛,湖北南部受影响较多。

(2)梅雨期暴雨。6 月中旬至 7 月中旬湖北进入梅雨期后,除鄂西北外,湖北各地常阴雨绵绵,并伴有大到暴雨,雨量集中,中小河流洪水猛涨,

---

① 引自(武汉理工大学 等,2013)

易发生局部范围或大范围的洪涝灾害。大范围的暴雨区域常呈东北—西南向,自鄂西南起经江汉平原到鄂东北的沿长江两岸地区。这是西太平洋副热带高压第一次北进,脊线在 20°～25°N 停滞时所造成的,随西太平洋副热带高压脊线的滞留、徘徊,雨带也在长江南北两岸摆动,滞留时间愈长,雨量愈多,洪涝灾害愈大。

(3)盛夏暴雨。7—8 月湖北大部地区均在西太平洋副热带高压控制下,晴热少雨,西太平洋副热带高压脊线在 25°N 以北地区,原在江淮流域的雨带推至黄淮流域,鄂西处在西太平洋副热带高压边缘,如有冷空气越过秦岭山脉到达鄂西,便会在这些地区产生暴雨。当台风和热带风暴在我国东南沿海登陆后,减弱为低气压,受东风系统影响或沿西太平洋副热带高压边缘而深入湖北省,会造成湖北省内局部或较大范围的特大暴雨。台风低气压在湖北省内路径,可经皖赣两省交界附近进入大别山南部,或经湖南进入鄂西。就湖北境内中小河流而言,盛夏发生暴雨的范围较小,历时不长,不似梅雨发生那样有规律,只在鄂西发生较多。

(4)秋季暴雨。秋季暴雨鄂西北发生较多。当西太平洋副热带高压自北向南迅速撤退的过程中,若脊线停滞在 25°N 附近,冷暖气流便在汉江中上游交汇,中层高空形成切变线,当其辐合上升作用强烈,或有低气压活动,便会出现较强的暴雨而发生大洪水。

2.2.3　湖北暴雨特殊规律[①]

(1)初夏阶段。一般认为,5 月至入梅前(5—6 月上旬)为湖北省的初夏。进入初夏后,西太平洋副热带高压第一次北跃,出现在南海和西太平洋上,长江流域的暖湿空气逐渐活跃加强,空气中水汽充沛,而移动性的西风带槽脊活动也较频繁,一次冷空气的南下,即可在长江流域造成一次明显降水过程。暴雨之前和暴雨期间 500 百帕上,中高纬度贝加尔湖地区为稳定的东—西向低压区,东亚地区为东高西低的一槽一型经向环流,中支槽与南支槽在 108°E 附近同位相叠加,环流经向度加大,东亚沿海高压脊也加强(图 2.1),在槽前脊后出现了风速大于 20 米/秒的偏南风急流,南方气流活跃。

湖北省初夏暴雨天气主要是受 850 百帕低涡和地面气旋波影响产生的。850 百帕在四川东部生成低涡中心,地面气压异常低,高原以东地区形

---

① 引自(崔讲学,2011;《中国气象灾害大典》编委会,2007)

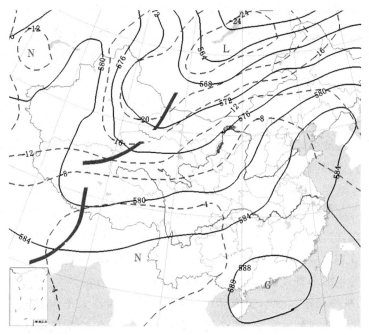

图 2.1 初夏暴雨(2004 年 6 月 3 日 08 时)500 百帕温度(℃)、高度(位势什米)场图

(崔讲学,2011)

成了庞大而深厚的低压,中心位于四川,湖北省位于低压倒槽区内。由于 850 百帕以下低层深厚低压的发展,气旋性环流加强,其北部锋区中的偏北风分量也加强,地面冷锋从湖北省北部进入低压中心,形成地面气旋,之后向东北方向移动。暴雨产生在气旋波的北部冷暖空气汇合的低压槽内。湖北省初夏期间的暴雨一般持续时间不长,受水汽条件限制,暴雨多发生在鄂东、鄂南。

(2)梅雨阶段。一般认为,梅雨期在 6 月中下旬到 7 月中旬这段时间。当西太平洋副热带高压脊线移到 20°N 以北,从发生第一次大到暴雨开始称入梅,湖北省平均入梅时间为 6 月 15 日。当西太平洋副热带高压脊线进一步北移到 27°N 或以北并稳定 3 天以上称为出梅,湖北省平均出梅时间为 7 月 13 日。梅雨期平均 29 天,梅雨期内 10 天中至少要有 3 天以上的大雨或暴雨。每年入梅早晚和梅雨期长短不一。湖北省绝大多数年份在 6 月中旬到 7 月上旬,水汽条件充沛,梅雨锋系相对稳定,大雨、暴雨过程比较频繁,降水量大面广,是洪涝灾害的多发时期。但也有少数年份,梅雨期内没有出现 10 天内发生 3 天以上大到暴雨,称之为空梅,1953—2000 年共有 4 个空梅年,即 1958、1981、1985、2000 年。

进入梅雨期,西太平洋副热带高压稳定缓慢北移,西风带环流亦有显著的变化,由初夏以移动性系统为主转为多阻塞性系统,500 百帕亚欧上空常出现两高一低形势(图 2.2),即乌拉尔山东侧和我国东北—鄂霍次克海为稳定的高压脊,两高之间在贝加尔湖以西为低压槽区;西太平洋副热带高压脊线在 20°N 附近,控制我国东南沿海。乌拉尔山长波高压脊的建立,对整个下游形势的稳定起着十分重要的作用。乌拉尔山阻塞高压脊前常有冷空气南下,使其东侧低槽加深,在贝加尔湖地区形成大低槽区,中纬度为平直西风气流,有利于稳定纬向型暴雨的形成。因为贝加尔湖大槽底部西风气流平直,其上不断有小槽活动,造成降水,当它稳定存在时,易形成湖北省稳定暴雨。鄂霍次克海阻塞高压常与乌拉尔山阻塞高压或贝加尔湖大槽同时建立,构成稳定纬向型的暴雨。由于鄂霍次克海阻塞高压稳定少变,使其上游环流形势也稳定无大变化,同时,西风急流分为两支,一支从它北缘绕过,

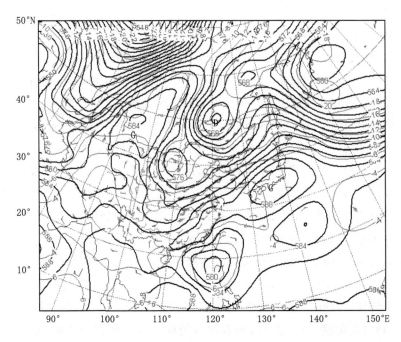

图 2.2　梅雨期暴雨 500 百帕温度(℃)、高度(位势什米)场图(两高一低形势)

(崔讲学,2011)

25

另一支从它的南方绕过,其上不断有小槽东移,引导冷空气南下,与南方暖湿空气交绥于江淮地区。在此种情况下,西太平洋副热带高压呈东西带状,副热带流型多呈纬向型,形成东西向的暴雨带。

湖北省梅雨期暴雨天气形势主要有两种类型。第一种类型,在 500 百帕亚洲中高纬度带(40°～60°N)呈两高一低形势(简称两高一低形势),即乌拉尔山东侧和我国东北至俄国滨海省各存在一个高压脊,两高之间位于贝加尔湖以西为低压槽区,从贝加尔湖以西的低槽区不断有分裂小槽南下影响湖北省。700 百帕在 30°N 有切变线,低涡沿切变线东移。切变线南侧有较强的西风急流,暴雨发生在低涡切变线附近,其强度与低空急流强弱对应,急流强、暴雨强,反之亦然。第二种类型,中高纬度带(40°～60°N)内多波动,亚洲可见 2～3 个低槽东移,经我国西北东部和华北上空时,冷空气沿槽后西北气流南下到长江流域与暖湿空气相遇造成暴雨,其 700 百帕形势与第一种类型相似。一般而言,这两类暴雨发生时,西太平洋副热带高压脊线的平均位置在 22°～25°N,控制长江以南上空(徐双柱 等,2018)。湖北梅雨期的暴雨主要分布在鄂西南、江汉平原和鄂东北的地带上,特别是在江汉平原和鄂东北,暴雨尤为频繁而集中。鄂东南在梅雨后期降水首先减小,而鄂西北则是以过程性降水为主的"无梅区"。

(3)盛夏阶段。一般认为,出梅到 8 月底为湖北省的盛夏期。这期间西太平洋副热带高压加强和北跃,主要降雨带向西北推移到长江、汉江上游和黄淮地区。鄂东和江汉平原受西太平洋副热带高压控制,天气晴热无雨。湖北省盛夏的总温度和不稳定度很高,局地的水汽、热力条件十分丰富,一旦受到扰动和激发后,即可造成强对流,在短时间内产生较大降水。湖北省盛夏暴雨的天气形势主要有三种。第一,鄂西常处在西太平洋副热带高压的外围,水汽条件充沛,当青藏高原上有低压槽或低涡东移时,在鄂西山地复杂地形和热力条件共同作用下,会发生暴雨、大暴雨或特大暴雨。如 1990 年 8 月 13—14 日远安县的特大暴雨(图 2.3)。第二,台风由福建、浙江登陆后,深入内陆填塞为热带低压,由于其水汽含量异常充沛,在移经湖北的过程中产生大暴雨或特大暴雨。第三,在西太平洋副热带高压一度减退过程中,西风带长波系统发生调整时,冷低压槽移过湖北上空,会引发区域性暴雨过程。

(4)秋汛阶段。9—10 月,随着北方地面冷空气加强南下时,高空西太平洋副热带高压减退又相对较慢,其外围的暖湿气流控制在鄂西上空,使得汉江上游和鄂西的辐合带和锋区加强。湖北省秋季暴雨的天气形势主要有

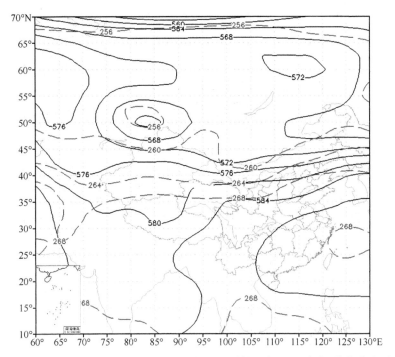

图 2.3　盛夏暴雨(1990 年 8 月 13 日 08 时)500 百帕温度(℃)、高度(位势什米)场图
(崔讲学,2011)

两种类型。一是来自西西伯利亚和新疆上空的冷低压槽,在东移过程中引导地面较强冷空气南下,产生较强的冷锋雨带,由西北向东南推移。二是在青藏高原东侧由西太平洋副热带高压西端的偏南气流与西风带的西北气流构成辐合线或气旋环流,在向东扩展中,在鄂西产生暴雨。500 百帕总体形势为西太平洋副热带高压十分强大,长时间维持在偏西、偏北位置,588 位势什米西脊点最强时达到 100°E 以西,高压脊线维持在 27°～30°N,巴尔喀什湖为稳定的长波槽,从长波槽中不断分裂出的短波槽影响汉江上游(图 2.4)。地面图上,华西地区为稳定的静止锋。强降水发生前有两股暖湿气流汇集于汉江上游和鄂西地区:一股是西太平洋副热带高压南侧的东南气流,将赤道辐合带或南海水汽经四川上空转向东北输送到汉江上游和鄂西地区;另一股是印度季风低压东侧的偏南气流,使孟加拉湾的水汽经横断山脉北上,并入四川上空的西南气流后,一起向东北方向输送到汉江上游和鄂西地区。

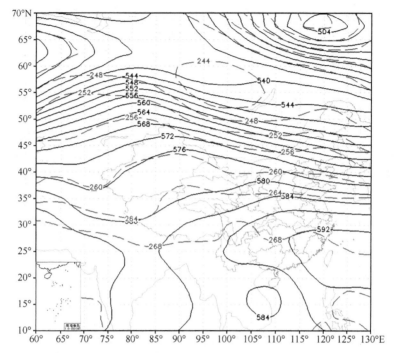

图 2.4　秋季暴雨(1983 年 10 月 3 日 08 时)500 百帕温度(℃)、高度(位势什米)场图
(崔讲学,2011)

2.3　湖北暴雨分布特征

暴雨在湖北各月均可发生,但 10 月—次年 4 月很少发生。湖北省开始最早的一场暴雨出现在 1969 年 1 月 11 日的广水市(雨雪量为 57.1 毫米),结束最晚的是 2002 年 12 月 17—18 日鄂东南的一场暴雨,其中江夏降水量达 75 毫米。

湖北暴雨主要集中在汛期 5—10 月,降水过程频繁,雨量集中,暴雨日数多,是其降水的主要特点。暴雨日数分布受地形影响,呈现多中心,其特点是南部多于北部,东部多于西部,高山多于平原,迎风坡多于背风坡,武陵山地的东南侧、幕阜山地的西北侧以及大别山地的西南侧均是湖北省的多发区,平均每年暴雨日数大多在 5 天以上,鄂西北暴雨日数最少,平均在 2 天以下。

湖北各地受季风影响的先后和雨带停滞的时段不同,暴雨日数出现的峰值月份也不同。鄂东南和江汉平原的东部峰值出现在 6 月,鄂东北、鄂北峰值出现在 7 月,鄂西北出现在 8 月;鄂西南和江汉平原的西部也出现在 7 月,其中巴东、绿葱坡、建始、恩施、利川等地在 9 月还有一个高值。

2.3.1　湖北暴雨时间分布特征[①]

(1)年际变化特征。湖北省年平均暴雨日数为 4.6 天。20 世纪 70 年代末之前是暴雨发生较少的时段,其间仅有 5 年达到或超过多年平均值;70 年代末期之后,暴雨频次有明显增长,仅有 10 年少于多年平均值,在 1996—1999 年 4 年间有 3 年达到历史极大值附近(1997 年除外);进入 21 世纪后,暴雨频次较 20 世纪 90 年代有所降低,但大部分年份仍位于多年平均值之上(图 2.5)。

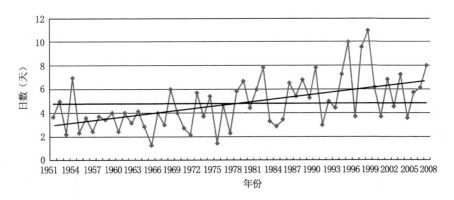

图 2.5　1951—2008 年湖北省平均暴雨日数逐年变化曲线图

(崔讲学,2011)

粗黑线为多年平均值;斜线为线性趋势线;湖北省平均暴雨日数＝各气象观测
站年暴雨次数之和/总站数;1958 年前因站数较少,数据供参考

(2)月际变化特征。统计 1958—2008 年湖北省各国家气象观测站逐月暴雨总次数,结果显示,湖北暴雨集中在 5—8 月,占全年暴雨总次数的 78.7%,其中 6 月和 7 月又较 5 月和 8 月明显偏多,呈现典型的梅雨期气候特征。5 月属初夏期,在雨季开始较早的年份,暴雨也常多发,8 月受西太平

---

① 引自(崔讲学,2011)

洋副热带高压加强西伸的影响,局地强降雨较多。冬季(12月—次年2月)暴雨总次数仅占全年暴雨总次数的0.5%,是全年暴雨发生最少的时段;春季(3—5月)暴雨总次数占全年暴雨总次数的22.5%,且主要集中于5月;秋季(9—11月)暴雨总次数占年暴雨总次数的12.7%,且主要集中于9月,这主要是由于西太平洋副热带高压东退过程中,其外围易产生局地强降雨。

随着时间变化,湖北暴雨由东南向西北逐步扩展,9月后又逐渐东退。5月和6月暴雨集中于鄂东地区,6月和7月鄂东陆续维持较多的暴雨,此时江汉平原暴雨次数开始增多,8月暴雨多发生于江汉平原及鄂西地区,9月鄂西暴雨仍维持略多的趋势。

2.3.2 湖北暴雨空间分布特征

关键期的界定:春季为3—5月,夏季(也称为主汛期)为6—8月,秋季为9—11月,冬季为12月—次年2月,梅雨期为6月1日—7月20日,盛夏期为7月21日—8月31日。

(1)年暴雨空间分布。经统计,湖北省1971—2000年(30年)暴雨总次数地域差别很大。鄂西北最少,在40~70次,其中竹山仅为27次;江汉平原和鄂东北西部在80~130次;恩施地区、鄂东南和鄂东北东部在140~180次,是暴雨多发区域;崇阳30年间共有180次暴雨发生,是湖北暴雨总次数最多的站点(图2.6)(崔讲学,2011)。

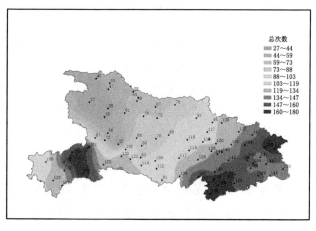

图2.6 1971—2000年湖北省年暴雨落区频次分布图

(崔讲学,2011)

　　(2)年均暴雨量、暴雨日数空间分布。年均暴雨量综合反映了某地暴雨日雨量总和的大小及暴雨的多寡情况,湖北省暴雨的地域分布,因季风气候及特殊地形的影响呈现出明显的多中心特征(图 2.7)。具体表现为全省年均暴雨量为 76.50~394.95 毫米,年均暴雨日数为 1.16~5.14 站次,年均最小值为鄂西北的房县,最大值为鄂东的英山;江汉平原虽与鄂西南、鄂东南地处同一纬度,但区域内各站年均暴雨量和暴雨日数却明显偏少。即湖北省暴雨总的地域特征为鄂东为全省暴雨高值高频中心区,鄂西南、江汉平原次之,鄂西北为暴雨低值区(许莉莉 等,2011)。

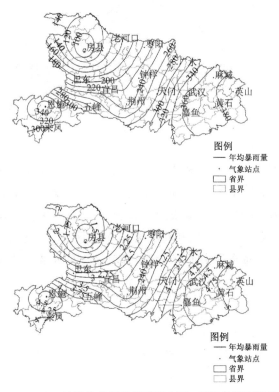

图 2.7　1959—2008 年湖北省年均暴雨量(左)、暴雨日数(右)地域分布图

　　(3)年均大暴雨日数、累年最大日降水量空间分布(许莉莉 等,2011)。1959—2008 年湖北省内共出现大暴雨 491 站次,其空间分布和暴雨集中区分布大致相同(图 2.8),以平均 1 年就有一次大暴雨出现的麻城、英山和广

水等鄂东北为第一高频区,第二高频区为鄂东南的武汉、黄石和嘉鱼,低频区出现在鄂西北,最少为房县 50 年共计 3 次大暴雨,年均大暴雨的概率仅为 0.06。特大暴雨的高频中心为武汉的 6 站次,其次为嘉鱼和黄石的 3 站次,即 50 年来湖北省特大暴雨多发区出现在鄂东南地区。

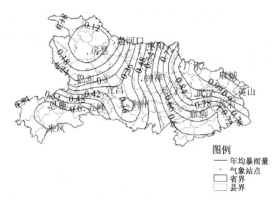

图 2.8　1959—2008 年湖北省年均大暴雨日数分布图

湖北省各地日暴雨量的最大值处于房县 1975 年 8 月 8 日的 139.6 毫米与黄石 1998 年 7 月 22 日的 360.4 毫米之间,武汉 317.4 毫米(1959 年 6 月 9 日)次之(图 2.9),而大暴雨第一高频区的暴雨极值并不很突出。即 50 年来湖北省大暴雨高频区和特大暴雨多发区、暴雨极大值区并不完全一致,但总体都分布在鄂东地区,而大暴雨表现最弱的几乎均在鄂西北的房县。

图 2.9　1959—2008 年湖北省各地暴雨极值地理分布图

(4)季暴雨量、暴雨日数空间分布(《中国气象灾害大典》编委会,2007)。从表 2.1 可知,鄂东南为湖北省暴雨的第一高值高频中心,其年均暴雨量和暴雨日数均达到全省的 26%以上;第二高值高频区为鄂东北,其年均暴雨量和暴雨日数均达到全省的 25%左右;其次为鄂西南的 20%以上和江汉平原的 18%左右,暴雨的低值低频中心为鄂西北,暴雨量和暴雨日数仅占全省的 10%左右。

表 2.1　1959—2008 年湖北省各自然预报区年均、各季暴雨量和
暴雨日数占全省的百分比表　　　　　　　　单位:(%)

	年均		春季		夏季		秋季		冬季	
	暴雨量	暴雨日数	暴雨量	暴雨日数	暴雨量	暴雨日数	暴雨量	暴雨日数	暴雨量	暴雨日数
鄂西北	10.13	10.49	7.11	6.89	11.19	11.76	9.46	10.46	0	0
鄂东北	25.49	24.49	25.34	24.64	25.89	24.76	22.94	22.41	38.97	37.74
鄂西南	20.19	20.85	15.25	16.44	20.41	21.09	28.18	27.97	5.54	5.66
江汉平原	17.84	18.00	19.31	18.78	17.57	18.03	16.95	16.74	20.71	18.87
鄂东南	26.36	26.16	32.98	33.25	24.94	24.36	22.47	22.41	34.77	37.74

从各季来看,春季以鄂东南最多,分别占全省暴雨量和暴雨日数的 32.98%和 33.25%,鄂东北次之;夏季以鄂东北和鄂东南最多,暴雨量和暴雨日数各占全省的 25%左右,鄂西南和江汉平原次之;秋季以鄂西南最多,占全省暴雨量的 28.18%和暴雨日数的 27.97%,鄂东南和鄂东北次之;出现暴雨最少的冬季,暴雨主要集中在鄂东南和鄂东北地区。

(5)月暴雨空间分布。月暴雨空间分布特征与季节暴雨分布特征基本相似(图 2.10)。湖北省各月均有暴雨发生,其中 1—3 月各站的暴雨次数均不足 10 次;4 月开始明显增多,鄂东南大部分地区达到 15 次以上,鄂东大部分地区也在 10 次以上;5 月,除江汉平原以西和鄂西北以外,暴雨总次数均在 10 次以上,暴雨集中区域仍然位于鄂东南,同时鄂西南的暴雨次数增多明显;6 月,绝大部分地区暴雨总次数均在 10 次以上,暴雨集中区域仍然位于鄂东和鄂西南,鄂东东部部分地区达到了 50 次以上;7 月,鄂西和江汉平原地区暴雨增多明显,鄂东大部分地区暴雨较 6 月略有减少,暴雨集中区域位于鄂西南和鄂东北,鄂西南部分地区可达 40 次以上;8 月,暴雨开始有较明显减少,集中区域仍位于鄂西南,大部分地区的总次数为 20 次以上,

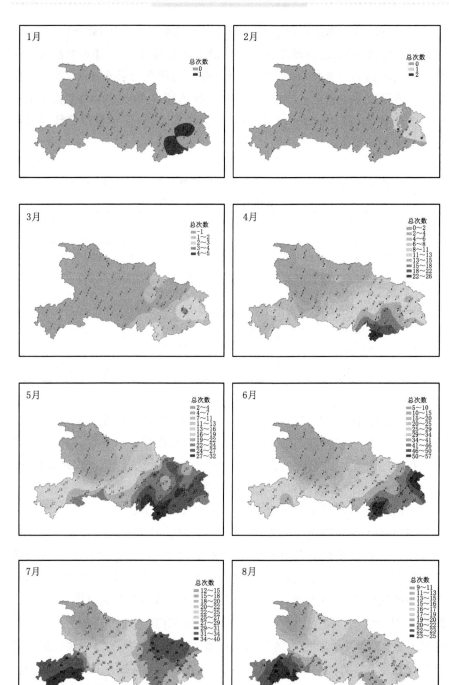

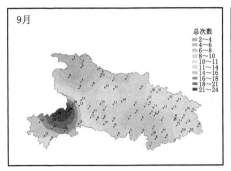
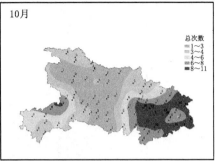

图 2.10　1971—2000 年湖北省 1—11 月分月暴雨落区频次分布图

（崔讲学，2011）

其他地区为 10～20 次；9 月，除鄂西南大部分地区暴雨总次数在 20 次左右之外，其余地区在 10 次左右，减少明显；10—11 月，绝大部分地区暴雨次数均不足 10 次，其分布特征恢复到西少东多的趋势（崔讲学，2011）。

（6）汛期、梅雨期、盛夏期暴雨空间分布。主汛期暴雨的总次数分布特征与春季基本相同，其中鄂西北大部分地区为 30～50 次，江汉平原大部分地区为 50～80 次，鄂西南的恩施地区和鄂东大部分地区最多，在 80 次以上，崇阳达到了 115 次。梅雨期暴雨总次数的分布特征与汛期分布特征相同，鄂西北大部分地区为 15～30 次，江汉平原大部分地区为 30～50 次，鄂西南的恩施地区和鄂东大部分地区为 50～80 次，梅雨期暴雨最多的台站是英山，30 年间暴雨总次数达到了 86 次。盛夏期暴雨总次数的分布特征与汛期和梅雨期有所不同，呈现较明显的南北分布，北部大部分台站为 10～20 次，南部大部分台站为 20～30 次，其中宣恩站最多，达到了 39 次（图2.11）（崔讲学，2011）。

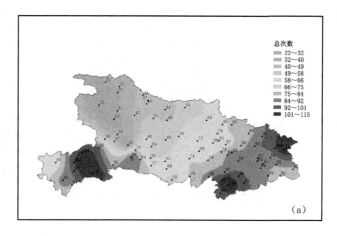

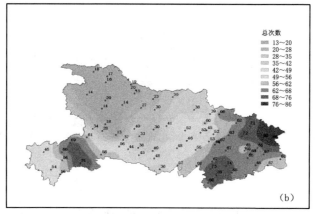

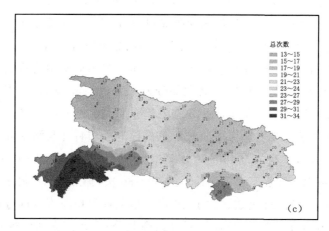

图 2.11　1971—2000 年湖北省各关键期暴雨落区频次分布图

(崔讲学,2011)

(a)汛期;(b)梅雨期;(c)盛夏期

2.3.3 大暴雨时空分布特征[①]

(1)年大暴雨空间分布。湖北省 1971—2000 年大暴雨的分布(图
2.12)与年暴雨分布相同,鄂西南的恩施地区和鄂东大部分地区是多发地
带,其总次数均在 20 次以上,建始站最多达 35 次,鄂西北较少,大部分地区
均不足 10 次,个别地方没有大暴雨发生。

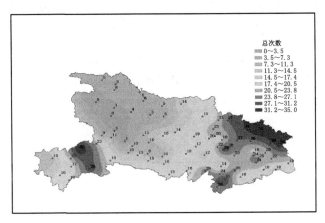

图 2.12 1971—2000 年湖北省大暴雨落区频次分布图

(崔讲学,2011)

(2)春季大暴雨空间分布。1971—2000 年湖北省春季大暴雨落区频次
呈西少东多分布(图 2.13),鄂西和江汉平原大部分地区在 5 次以下,鄂东
大部分地区为 4~8 次。

(3)汛期大暴雨空间分布。湖北省 1971—2000 年汛期大暴雨分布(图
2.14)与年大暴雨分布相同,鄂西的恩施地区和鄂东的部分地区在 20 次以
上,建始站最多为 31 次,鄂西北较少,大部分地区不足 5 次。

(4)梅雨期大暴雨空间分布。湖北省 1971—2000 年梅雨期大暴雨分布
(图 2.15)和汛期相同,最多的区域是恩施地区和鄂东部分地区,达到 15 次
以上,麻城最多达到 23 次,鄂西北最少,大部分地区不足 3 次。

(5)盛夏期大暴雨空间分布。湖北省 1971—2000 年盛夏期大暴雨分布
(图 2.16)除鄂西南在 5 次以上以外,大部分地区不足 5 次,最多的是建始

---

① 引自(崔讲学,2011)

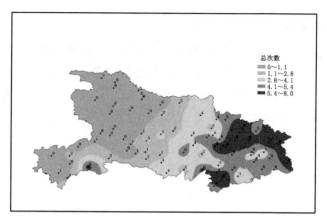

图 2.13　1971—2000 年湖北省春季大暴雨落区频次分布图

（崔讲学，2011）

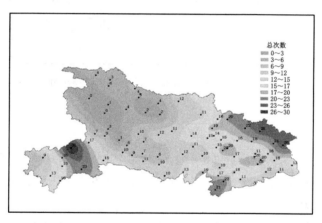

图 2.14　1971—2000 年湖北省汛期大暴雨落区频次分布图

（崔讲学，2011）

站，达到 13 次。

（6）秋季大暴雨空间分布。湖北省 1971—2000 年秋季大暴雨发生次数均较少，大部分地区仅有 1～2 次，鄂东北和鄂西南部分地区 3～4 次（图 2.17）。

2.3.4　特大暴雨时空分布特征

1971—2000 年湖北省共有 88 站次出现特大暴雨，从分布（图 2.18）上

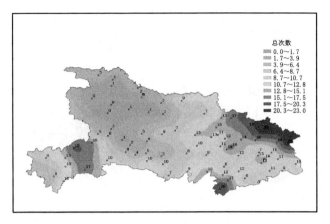

图 2.15　1971—2000 年湖北省梅雨期大暴雨落区频次分布图

（崔讲学,2011）

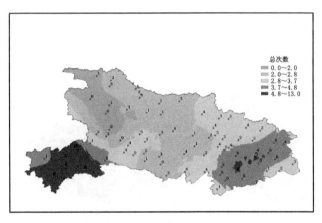

图 2.16　1971—2000 年湖北省盛夏期大暴雨落区频次分布图

（崔讲学,2011）

来看,鄂西和江汉平原大部分地区为 0～1 次,鄂东略多,为 1～2 次（崔讲学,2011）。

2.3.5　连续暴雨时空分布特征[①]

湖北省 1971—2000 年共发生了 638 站次的连续暴雨,且连接暴雨发生

---

① 引自（崔讲学,2011）

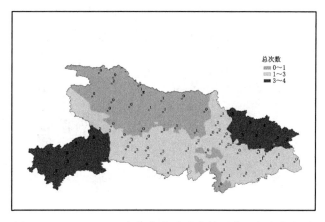

图 2.17　1971—2000 年湖北省秋季大暴雨落区频次分布图

（崔讲学,2011）

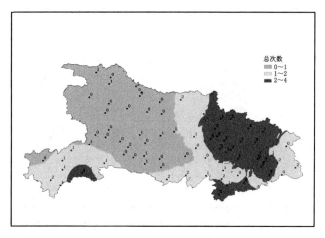

图 2.18　1971—2000 年湖北省年特大暴雨落区频次分布图

（崔讲学,2011）

月份仅限于 4—10 月。对于单个测站,若其暴雨日前后跨 1 天或 1 天以上,则定义该站出现了连续暴雨。

(1)年连续暴雨总频次分布。湖北省年连续暴雨的多发区域位于鄂西南和鄂东的大部分地区,1971—2000 年合计发生次数均在 10 次以上,其中罗田站发生次数最多,为 22 次。鄂西北、江汉平原西北部和鄂西南的西南部较少,大部分地区在 5 次以下(图 2.19)。

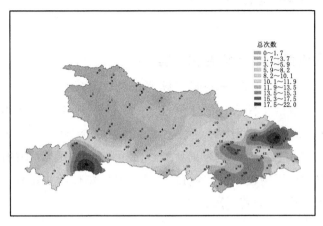

图 2.19　1971—2000 年湖北省年连续暴雨频次分布图
(崔讲学,2011)

　　(2)汛期连续暴雨总频次分布。湖北省汛期连续暴雨的分布形式与年连续暴雨分布相同。鄂西南和鄂东的大部分地区是汛期连续暴雨高发地区,大部分地区在 8 次以上。发生较少的区域仍然位于鄂西北和江汉平原的西北部,均在 5 次以下,鄂西北的个别地方没有连续暴雨发生(图 2.20)。

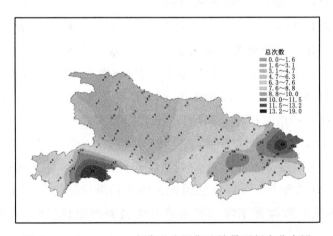

图 2.20　1971—2000 年湖北省汛期连续暴雨频次分布图
(崔讲学,2011)

2.4 湖北暴雨演变趋势

2.4.1 暴雨量的年代际变化趋势

由表 2.2 可知,1959—2008 年湖北省暴雨量经历了偏少—偏少—偏多—偏多—偏少的年代际变化过程,其中 20 世纪 80 年代、90 年代为峰值期,70 年代为最少的 10 年,21 世纪初的暴雨量略少于 20 世纪 60 年代。在季节分布上,20 世纪 60 年代暴雨量的年代际变化主要受春季的影响,而其余年代受夏季的影响较大,即对湖北省暴雨量的年代际变化特征贡献率最大的季节为夏季(许莉莉 等,2011)。

表 2.2　湖北省各季及全年暴雨量的年代距平表　　　　（单位:毫米）

年代	1960—1969	1970—1979	1980—1989	1990—1999	2000—2008
春季	−247.26	199.85	−57.83	72.97	32.92
夏季	82.70	−832.91	500.79	586.55	−217.05
秋季	−76.98	33.76	288.38	−148.38	−111.51
冬季	−233.91	−600.21	714.20	494.00	−287.86

2.4.2 暴雨日数的年际变化趋势

由暴雨日数的累计距平曲线(图 2.21)可以直观看出,近 50 年来湖北省暴雨经历了一次显著的波动变化,但总体上呈增长趋势。分析各自然预报区暴雨日数距平的 5 年滑动平均曲线(图 2.22)可知,各自然预报区暴雨日数呈较显著的阶段性变化,其中江汉平原在 1976—1981 年出现了一次较明显的增长过程,各自然预报区除鄂西北外,均在 1978 年左右出现了下降和增长趋势的转变,进入 21 世纪以来,湖北省五个自然预报区的暴雨日数除鄂东南地区外均处在增长阶段。再结合其线性趋势(表 2.3)可知,湖北省全省及各自然预报区的年暴雨日数均呈不显著的增长趋势,大暴雨日数除鄂东南和鄂东北外均呈弱的增长趋势(许莉莉 等,2011)。

图 2.21 1959—2008 年湖北省暴雨日数累积距平图

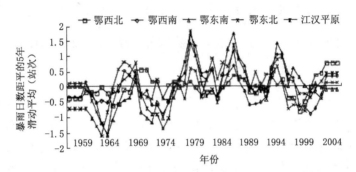

图 2.22 1959—2008 年湖北省各自然预报区暴雨日数距平的 5 年滑动平均曲线图

表 2.3 湖北省近 50 年暴雨日数、大暴雨日数距平的线性系数表

回归系数	全省	鄂西北	鄂西南	鄂东南	鄂东北	江汉平原
暴雨日	0.2188	0.0070	0.0108	0.0167	0.0077	0.0235
大暴雨日	0.0457	0.0028	0.0028	−0.0008	−0.0005	0.0125

2.4.3 降雨过程强度的变化趋势

统计发现,1960—2004 年湖北省年最强降雨过程除 1976、1978 年外,其他年份降水中心雨量均大于 200 毫米,45 年中有 35 年年最强降水过程中心雨量大于 300 毫米,大于 400 毫米的过程有 19 年,在这 19 年中有 8 年是 20 世纪 90 年代发生的,最强的降雨过程分别出现在 1991、1998 年,中心雨量分别为 888.7 和 863.6 毫米。图 2.23 反映了湖北省年最强降雨过程

中心雨量历年变化,从图中可以看出,降雨过程的中心强度呈增强趋势(刘可群 等,2007)。

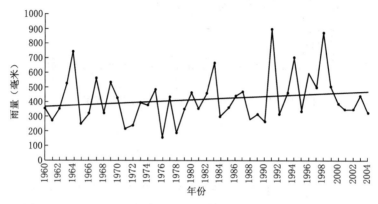

图 2.23 1960—2004 年湖北省最强降水过程中心雨量历年变化图

图 2.24 为湖北省 1960—2004 年大于 100、150、200 毫米三个不同降雨强度过程次数的历年变化及其趋势,由图中可以看出,湖北省的强降雨过程几乎每年都有多次,尤其是 1990 年以来,100 毫米以上降雨过程 10 次以上的年份有 7 年,200 毫米以上强降雨过程 4 次以上的年份也有 7 年。强降雨过程中心主要分布在江汉平原与鄂东南。以 200 毫米以上降雨过程为例,45 年中湖北省共有 140 次(表 2.4),其中中心在江汉平原与鄂东南共发

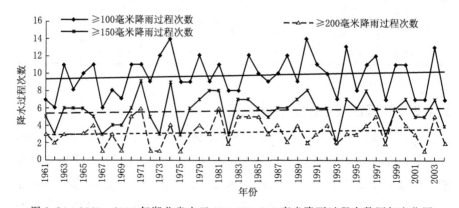

图 2.24 1960—2004 年湖北省大于 100、150、200 毫米降雨过程次数历年变化图

表 2.4　湖北省 200 毫米以上强降雨不同年代发生次数表

	全省	江汉平原与鄂东南地区
1960—1969	28	14
1970—1979	23	15
1980—1989	38	24
1990—1999	36	25
2000—2004	15	12
合计	140	88

生了 88 次,占全省总次数的 63%;其次是鄂西南和鄂东北,鄂北和鄂西北很少。因此,不论是降雨强度,还是强降雨过程次数有年代际的变化,总体上呈现加强或增加的趋势,而强降雨过程次数的增加区域主要为江汉平原与鄂东南地区。这与全球气候变化背景下,我国年降水趋势变化相一致(刘可群　等,2007)。

受降雨增加趋势的影响,湖北省洪涝灾害发生程度呈增加趋势,由暴雨引起洪涝灾害发生的频率也相应加大。

2.4.4　区域性降雨过程的变化趋势

区域性降雨过程是暴雨洪涝灾害的主要致灾因子。依据气象行业标准《降雨过程强度等级》(QX/T 341—2016),并结合湖北省实际降雨情况,对可能对经济社会、环境、人们生活等造成一定影响的降雨过程进行评估,将降雨过程开始定义为出现 24 小时雨量达到暴雨强度(能造成一定影响)的测站数大于或等于评估区测站总数的 5%;降雨过程结束定义为出现 24 小时雨量达到暴雨强度(能造成一定影响)的测站数小于评估区测站总数的 5%。根据降雨过程的定义,选取降雨过程的日降雨强度、覆盖范围和持续时间三个因子作为降雨过程的主要评估指标。降雨过程综合强度是日降雨强度、覆盖范围和持续时间三个指标共同作用的结果,在评估降雨过程综合强度时三个评价指标缺一不可,采用自然灾害风险的数学计算方法,建立降雨过程综合强度评估模型(王莉萍　等,2015),计算得出降雨过程综合指数(RPI)。

综合考虑降雨强度指数(I)、覆盖范围指数(C)以及持续时间指数(T),建立湖北省降雨过程综合指数(RPI),即 RPI＝I×C×T。根据 RPI 大小对降雨过程综合指数进行降雨过程综合强度等级划分,见表 2.5(温泉沛　等,2018)。

表 2.5   湖北省降雨过程综合强度等级划分表

评估区	降雨过程综合指数	降雨过程综合强度等级
降雨区	1≤RPI≤6	特强（Ⅰ级）
	6＜RPI≤16	强（Ⅱ级）
	16＜RPI≤36	较强（Ⅲ级）
	36＜RPI≤64	中等（Ⅳ级）

　　利用 1961—2017 年湖北省 76 个国家气象观测站资料,对湖北省区域性暴雨过程强度事件进行统计,结果如图 2.25 所示(来源:武汉区域气候中心)。1961—2017 年,湖北省共发生区域性暴雨事件 860 次,其中较强区域性暴雨事件最多,共 494 次,占 57.4%,其次为强区域性暴雨事件和中等区域性暴雨事件,分别占 17.2% 和 16.7%,特强区域性暴雨事件最少,占 8.6%。

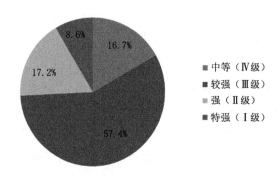

图 2.25　1961—2017 年湖北省不同强度区域性暴雨事件百分比图(附彩图)

　　1961—2017 年湖北省区域性暴雨平均每年发生 15.1 次,1998 年湖北省区域性暴雨事件最多,共 24 次,1983 年特强区域性暴雨事件最多,共 5 次(来源:武汉区域气候中心)。

　　1961—2017 年,湖北省共出现 74 次特强区域性暴雨事件,前 14 位(RPI≤2)的情况见表 2.6(来源:武汉区域气候中心)。历史上最强的三次区域性暴雨过程分别为 2016 年 6 月 30 日—7 月 4 日、1991 年 6 月 30 日—7 月 12 日及 1983 年 7 月 4—7 日。其中 2016 年 6 月 30 日—7 月 4 日最突出的特点是综合雨强大,综合雨强指数达 96.33,而 1991 年 6 月 30 日—7 月 12 日特点为持续时间长,达 13 天。

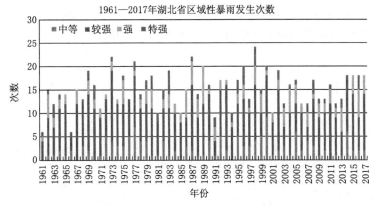

图 2.26　1961—2017 年湖北省不同强度区域性暴雨事件时间序列图(附彩图)

表 2.6　1961—2017 年湖北省特强区域性暴雨事件前 14 位(RPI≤2)情况表

序号	年份	开始日期	结束日期	综合雨强	覆盖范围 (%)	持续时间 (天)	RPI综合指数
1	2016	20160630	20160704	96.33	88.2	5	1
2	1991	19910630	19910712	88.64	94.7	13	1
3	1983	19830704	19830707	84.91	81.6	4	1
4	1998	19980721	19980723	90.77	71.4	3	2
5	1996	19960714	19960718	80.14	68.8	5	2
6	1999	19990626	19990629	79.26	80.5	4	2
7	1996	19960702	19960705	71.06	90.9	4	2
8	1980	19800730	19800802	70.32	92.1	4	2
9	2010	20100708	20100714	69.4	88.1	7	2
10	1980	19800716	19800720	66.01	90.8	5	2
11	2003	20030622	20030626	65.67	90.1	5	2
12	2004	20040716	20040719	65.19	79	4	2
13	1991	19910804	19910807	64.28	85.5	4	2
14	1963	19630819	19630822	60.14	90.3	4	2

2.4.5　暴雨、大暴雨及以上极端事件[①]

　　1961—2010 年湖北省平均年暴雨次数为 204.2 站次,1983 年为历年最多,为 369 站次;1966 年为历年最少,为 81 站次。近 50 年,湖北省年暴雨

　　[①]　引自(崔讲学,2015)

站次无明显的增减趋势。年际变化上,20世纪60、70年代均低于常年值,80、90年代为偏多期,21世纪前10年多为偏少年份(图2.27)。

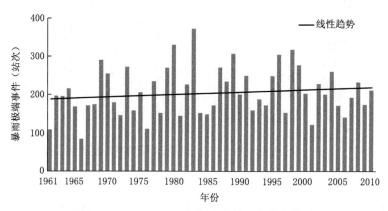

图 2.27 1961—2010 年湖北省暴雨次数变化图

1961—2010年湖北省平均年大暴雨及以上次数为37.9站次,1969年为历年最多,为91站次;1978年为历年最少,为5站次。近50年,湖北省年大暴雨及以上站次无明显的增减趋势。20世纪70年代为偏少期,近10年与常年值持平(图2.28)。

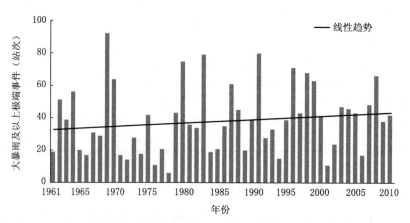

图 2.28 1961—2010 年湖北省大暴雨及以上次数变化图

第 3 章

湖北暴雨利用与致灾

暴雨作为淡水资源可以被有效地收集利用,同时,暴雨引发的灾害具有较强的致灾性。湖北暴雨资源利用主要有增加水库湖泊库容、拦蓄水发电、水上运输、水产养殖、农业灌溉、改善生态等方面。湖北暴雨灾害主要表现是江河湖库洪水泛滥,从而冲毁堤坝、房屋、道路、桥梁,淹没农田、城镇,还可诱发山洪、滑坡、泥石流等次生灾害,造成国民经济损失,威胁人民生命财产安全。

3.1 湖北暴雨与水资源利用[①]

水是人类赖以生存的基础性物质条件。没有水就没有生命,更谈不上有社会的文明和发展。在农业经济社会,雨水资源的分布与多少主要影响农业经济生产,进入工业经济社会,雨水资源已经成为经济社会发展的基础性资源,它将会影响整个国民经济建设。如果辅助现代的设计和规划理念,暴雨雨水完全可以被有效地收集利用,变不利为有利,使暴雨雨水成为宝贵的淡水资源,主要有以下几种用途:

(1)增加库容。暴雨对湖北的江、河、湖、水库增加库容起着决定性的作用,特别是在干旱的地方或长时间干旱的时期,暴雨的利用显得尤为重要。通过工程性措施将暴雨转化为可利用水资源,必要时用于抗旱、调节区域或流域水环境等。

(2)水力发电。湖北在长江及其支流建设的水力发电站较多,如果其上游有比较丰富的暴雨,那么发电效益凸显,使水动力资源转化经济能源。水电站成本仅为火电站的 $1/3 \sim 1/5$,生产效率比火电站高。如 2016 年三峡水库全年来水总量 4086 亿立方米,三峡电站机组运行安全稳定,全年发电935.33 亿千瓦时。

(3)水上运输。内河是一种比较古老的暴雨雨水利用方式,在现代经济

---

① 引自(姜海如,2006;王小玲,2006)

发展,水上运输仍然是一种比较经济运输方式。2016 年,湖北内河航道通航里程总计 8637.95 千米,完成水路客运量 0.57 亿人次、旅客周转量 3.34 亿人次千米,水路货运量 3.57 亿吨、货物周转量 2666 亿吨千米,港口吞吐量 3.5 亿吨、集装箱吞吐量 141.4 万标箱。

(4)淡水产业。传统的淡水产业主要是天然地利用淡水,水产总量不高也不稳定,而现代淡水产业实现人工养殖,极大地提高了淡水资源的利用率。如 2016 年湖北省水产养殖面积 1048.35 万亩[①],淡水水产品总产量 470.84 万吨,淡水产品总量占全国淡水产品总量的 13.8%,连续 21 年居全国第一。

(5)农业灌溉。水是农业生产的基本生产要素,现代农业生产既依靠天然水灌溉,也实现人工灌溉,风调雨顺就可以大大节约农业生产成本。

(6)改善生态环境。暴雨是维持湖北河流、湖泊自然水生态环境的根本保证。暴雨对调节、补充湖北区域水资源和生态环境起着极为重要的作用,实现水资源的可持续利用和经济、社会、生态效益的统一发展,直接关系到国民经济的可持续发展。

3.2　湖北暴雨与洪涝灾害

暴雨的发生主要是受到大气环流和天气、气候系统的影响,是一种自然现象。但暴雨对经济社会发展、人们生产生活是否造成灾害,则取决于经济社会、人口、防灾抗灾能力等诸多因素。湖北暴雨天气频次高、涉及范围广,其本身不可怕,但是暴雨带来的洪水、雨涝(即洪涝)灾害及其次生灾害,损失严重。

3.2.1　灾害与灾情

灾害是对能够给人类和人类赖以生存的环境造成破坏性影响的事物总称。这些事件包括一切对自然生态环境、人类社会的物质和精神文明建设,尤其是人们的生命财产等造成危害的天然事件和社会事件。一般来说,灾害基本上可以分为自然灾害与人为灾害两大类。自然灾害是自然界中物质运动变化的结果超出了一定的限度、对人类的生存和环境产生

---

① 引自(湖北省地方志编纂委员会办公室,2017)

了灾难性的危害。人为灾害是人类社会内部由于人的主观因素和社会行为失调或失控而产生的危害人类自身利益的社会现象（武汉理工大学等,2013）。

自然灾害是人力不能支配操纵的各种自然物质或自然力聚集、暴发所致的对人类经济、社会、生态等具有危险性后果的事件。它是自然物质子系统相互作用的结果（梁淑芬 等,1992）,是多因子构成自然环境系统中发生某因子或复合因子变异的自然过程,主要动力因素来源于自然力,导致环境系统中某因子或复合因子变异强度超出了一定阈值,从而造成生命财产和心理的损失及客观存在的极端事件（尹功成 等,1993）。

由灾害带来的经济社会损失是灾情。灾害与灾情既有联系又有质的区别。灾害是指严重威胁人类生存和发展的一种客观现象,它是对自然现象的量度。如暴雨洪涝、干旱、强对流等极端天气,由于这种极端天气现象,导致环境系统中某些因子或复合因子变异强度超出了一定的阈值,从而导致人民生命财产安全受到危害。灾情是指由灾害所带来的经济社会损失,灾情是损失量的统计值,是对经济社会的量度。如因暴雨洪涝或干旱造成的受灾人口、农作物受灾面积、直接经济损失等。灾情的产生必须是由致灾因子、孕灾环境、承灾体三方面共同作用、相互影响的结果（邵末兰 等,2009）。从整个地球系统来看,大气圈、水圈、岩石圈和生物圈都是致灾因子的孕育环境。致灾因子决定灾害发生的过程,反映了灾害发生的物质、能量和信息基础。承灾体是孕灾环境和致灾因子作用的客体,人类社会是承灾体的主体部分（申曙光,1992）。

3.2.2 湖北暴雨洪涝灾害的特点

暴雨洪涝是湖北省主要的气象灾害之一,发生频率高,影响范围广,危害强度大,灾害损失重。暴雨及以上等级的强降雨极易引起江河库湖洪水泛滥,冲毁堤坝、房屋、道路、桥梁,淹没农田、城镇等（马丽婷 等,2016）,还可诱发山体滑坡、泥石流及山洪等灾害,造成重大国民经济损失,并威胁人民生命财产安全。暴雨洪涝灾害严重程度除与降雨有关外,还与地理位置、地形、土壤结构、河道的宽窄和曲度、植被以及农作物的生育期、承灾体暴露度、防洪防涝设施等有密切关系。

洪涝灾害包括洪水灾害和雨涝灾害两种类型。其中,由于强降雨、冰雪融化、冰凌、堤坝溃决、风暴潮等原因引起的江河湖泊及沿海水量增加、水位上涨而泛滥以及山洪暴发所造成的灾害称为洪水灾害;因大雨、暴雨或长期降雨量过于集中而产生的大量的积水和径流,排水不及时等致使土地、房屋等渍水、受淹而造成的灾害称为雨涝灾害。

在湖北凡是出现大暴雨或特大暴雨的地方,都会有洪涝灾害发生,统计为暴雨洪涝。如暴雨出现在多雨时段里,就会发生较严重的洪涝灾害。根据原湖北省气候资料档案室和湖北省农业气候区划办公室制定的《湖北省综合农业气候区划》规定,依据单站 1 日、3 日雨量指标将洪涝灾害划分为小涝、中涝、大涝(表 3.1)(刘可群 等,2010)。

表 3.1 由暴雨诱发的洪涝等级标准表 (单位:毫米)

项目	小涝	中涝	大涝
1 日雨量	80.0~149.9	150.0~199.9	≥200.0
3 日雨量	150.0~249.9	250.0~299.0	≥300.0

受亚热带季风影响,每年 5—10 月是湖北省暴雨灾害的多发时段,几乎每年都会遭到不同程度的洪涝灾害影响(温泉沛 等,2018)。其中大范围洪涝灾害大多出现在梅雨期间;8 月盛夏暴雨洪涝具有强度大但持续时间短的特点,出现次数、受灾程度仅次于梅雨期洪涝,如 1975 年、1980 年、1982 年、1983 年等;9—10 月由于西太平洋副热带高压的减退和西风带低槽的东移而向下游发展,长江上游、汉江上游和湖北省西部地区降水增多,长江、汉江流域易形成秋汛,如 1964 年、1973 年、1983 年、2003 年、2005 年等。

(1)灾害发生频繁。在古代(公元前 186—公元 1839 年)的 2000 多年中,记载湖北洪涝灾害的有 607 次;在近代(公元 1840—1948 年)的 109 年中,记载湖北洪涝灾害的有 190 次;在现代(1949—2000 年)的 52 年中,湖北省发生洪涝灾害 177 次,平均每年有 3~4 次,多的有 10 次,至少也有 1 次(《中国气象灾害大典》编委会,2007)。近 40 年来是湖北省洪涝灾害频发时段,先后有 13 个年份出现了严重的洪涝灾害,分别为 1980、1983、1989、1991、1995、1996、1998、1999、2003、2005、2010、2012、2016 年。

以区域内一次暴雨或连续暴雨过程导致 3 个及以上县(市、区)发生洪涝或有 3 人及以上死亡为标准,统计湖北省各地理区域 1981—2000 年及 1961—1980 年梅雨期间暴雨洪涝发生次数如表 3.2(崔讲学,2009)。

表3.2　湖北各地理区域梅雨期暴雨洪涝发生次数表　（单位：次）

时段	鄂西北	鄂西南	江汉平原	鄂东北	鄂东南
1981—2000 年	13	29	27	27	30
1961—1980 年	3	14	15	17	16
20 年差值	10	15	12	10	14

由表3.2可以看出,梅雨期间暴雨洪涝发生次数,以鄂东南地区最多,鄂西南次之,鄂西北地区最少。这种地理分布与暴雨发生次数是一致的,同时,也与地势条件有关,如江汉平原由于地势低洼,也极易发生暴雨洪涝。与1961—1980年相比,1981—2000年梅雨期间暴雨洪涝发生次数明显增多。究其原因,可能是后一个时期降水强度有所加大,暴雨次数增多,一个时期的过度围湖造田和发展水产养殖,使湖泊调蓄能力减弱,部分水利工程功能有所老化,致使暴雨洪涝灾害加剧。此外,经济发展水平越高,也使气象灾害发生时造成的损失越严重。

(2)灾害影响范围广。由于产生暴雨洪涝过程时,大多数是直径200千米以上的中尺度和更大范围的天气尺度系统造成的,因此绝大多数的暴雨洪涝灾害涉及范围至少3个县(市、区)以上。1951—2000年的50年,湖北省平均每年有1065万亩农作物遭受暴雨洪涝灾害,约占受灾总面积的37%,仅次于干旱受灾面积(约占受灾总面积的51%)。尤其在1955年、1963年、1964年、1969年、1973年、1975年、1980年、1982年、1983年、1991年、1996年和1998年等年份中,因暴雨洪涝灾害造成的农作物受灾面积占当年受灾总面积的三分之二以上。1991年6月29日—7月13日湖北省67个县(市、区)3804万亩农作物遭受暴雨袭击;1969年全年全省受灾总面积3300万亩,仅暴雨洪涝灾害造成的农作物受灾面积就高达94%。而历史上有名的1954年、1998年暴雨洪涝涉及的范围之广,更是超出了湖北省。

(3)灾害危害重。暴雨洪涝因其形成原因和影响特点,所造成的灾害强度和损失往往会比其他灾害更为严重。2004—2017年近14年,湖北省因暴雨洪涝灾害平均每年造成约937万人受灾,因灾死亡50人;农作物受灾面积平均为1260万亩,绝收面积135万亩;直接经济损失平均约100亿元,历年因暴雨洪涝灾害造成的直接经济损失占当年湖北省GDP的0.6%,影响可见一斑。如2016年6月30日—7月6日,湖北省出现大范围强降雨天气过程,7 天降雨总量 9 个县(市、区)突破历史极值,鄂东、江汉平原出现 4 次区域性大暴雨过程,强降雨反复冲刷中东部地区;麻城、大悟等 5 县(市)日降雨量突破历史极值,江夏 7 天降雨量 733.7 毫米,为湖北省有观测记录以来最大值。强降雨已造成湖北省 17 个市(州、林区)83 个县(市、区)1347.55 万人受灾,死亡 56 人,失踪 6 人,紧急转移安置 67.7 万人,需紧急生活救助 41.4 万人;因灾倒塌房屋 3 万间,不同程度损坏房屋 7.9 万间;农作物受灾面积 1984.95 万亩,其中绝收 557.55 万亩,早稻减产 5%～10%;直接经济损失 325.6 亿元(刘静 等,2017),远超湖北省近十年来历年梅雨季的直接经济损失。由表 3.3 可见,在长江发生流域性特大洪涝时,湖北受灾最重,所以说暴雨洪涝是湖北人民的心腹之患(《中国气象灾害大典》编委会,2007)。

表 3.3　长江特大洪涝年湖北受灾简况表

洪灾年	湖北受灾人口(万人)	占总洪灾的百分比(%)	湖北受灾农田(万亩)	占总洪灾的百分比(%)	湖北因灾死亡人口(人)	占总洪灾的百分比(%)
1931	1153	40.3	1589	31.0	65000	45.0
1935	695	69.2	1230	54.3	96000	67.3
1954	926	49.0	2127	44.7	30000	92.2
1998	3688	—	3810	—	560	—

暴雨洪涝灾害综合灾情指数表征暴雨过程造成的灾情严重程度,指数越大表示暴雨过程造成的灾情越严重。湖北综合相对灾情指数与灾害等级的对应关系见表 3.4,2004—2016 年 6—8 月湖北主汛期强降雨过程的受灾情况及综合相对灾情指数见表 3.5(温泉沛 等,2018)。

表 3.4　湖北综合相对灾情指数分级表

综合灾情指数	灾害等级
(0.9,1.0]	巨灾
(0.8,0.9]	大灾
(0.7,0.8]	中灾
(0.6,0.7]	小灾
(0.5,0.6]	微灾

表 3.5　2004—2016 年 6—8 月湖北主汛期强降雨过程的受灾情况及综合相对灾情指数表

开始/结束日期	受灾人口比重（%）	受灾面积比重（%）	直接经济损失比重（%）	综合相对灾情指数
2004-06-14/06-15	2.43	0.57	0.021	0.6425
2004-07-10/07-11	5.62	1.17	0.073	0.6687
2004-07-16/07-19	9.97	3.91	0.389	0.7167
2005-06-26/06-27	2.00	1.35	0.065	0.6528
2005-07-09/07-11	6.44	3.19	0.134	0.6845
2005-08-03/08-03	2.34	1.39	0.039	0.6564
2007-06-22/06-23	6.12	2.65	0.108	0.6845
2007-07-09/07-09	1.45	0.6	0.021	0.6266
2007-07-12/07-14	8.11	5.38	0.164	0.7028
2008-07-21/07-23	5.27	3.64	0.117	0.6845
2008-08-14/08-16	5.14	3.08	0.095	0.6845
2008-08-29/08-30	9.22	6.22	0.221	0.7167
2009-06-29/06-30	11.23	5.43	0.117	0.7028
2010-06-08/06-08	4.98	2.59	0.034	0.6723
2010-07-04/07-05	1.69	0.89	0.02	0.6405
2010-07-08/07-14	14.95	13.72	0.52	0.735
2011-06-09/06-10	2.36	1.01	0.093	0.6687
2011-06-14/06-14	2.56	1.45	0.064	0.6687
2011-06-18/06-18	7.49	4.49	0.071	0.7028
2012-06-26/06-28	1.73	1.21	0.017	0.6296
2012-08-05/08-05	2.18	0.79	0.143	0.6528
2013-06-06/07-06	3.66	2.32	0.058	0.6845
2014-07-12/07-12	0.58	0.34	0.012	0.6019
2015-06-01/06-02	1.67	1.16	0.063	0.6528
2016-06-19/06-20	6.12	2.98	0.077	0.6845
2016-06-24/06-25	1.04	0.55	0.019	0.6266
2016-06-28/06-28	1.46	1.19	0.014	0.6296
2016-06-30/07-04	22.9	16.87	0.997	0.7723
2016-07-19/07-20	5.33	3.75	0.285	0.6984

3.2.3　湖北暴雨洪涝灾害的时空分布特征

雨量过多过强常常会引起洪涝灾害,而一个地区某一时段的大量降水,又往往是一场或几场暴雨的结果,因此,暴雨特别是区域性暴雨、大暴雨、特大暴雨是造成洪涝灾害的直接原因。

(1)湖北暴雨洪涝时间分布。湖北省的洪涝灾害每年都有发生,但发生的程度、范围、受灾情况不同。湖北省洪涝灾害主要集中在 5—10 月,95% 以上的洪涝发生在这一时间段,因此,这一时期被定为湖北省汛期,其中 6—8 月为湖北省主汛期,70% 以上的小涝、85% 以上的中涝以及 90% 以上的大涝均发生在这一时间段(表 3.6)(刘可群 等,2010)。

表 3.6　1960—2007 年湖北省不同等级洪涝发生次数月变化表

	项目	1 月	2 月	3 月	4 月	5 月	6 月	7 月	8 月	9 月	10 月	11 月	12 月	全年
小涝	县次数	0	0	7	198	477	958	1119	560	270	80	13	0	3682
	占全年比例/%	0.0	0.0	0.2	5.4	13.0	26.0	30.4	15.2	7.3	2.2	0.4	0.0	100.0
中涝	县次数	0	0	0	3	31	132	213	64	21	5	0	0	469
	占全年比例/%	0.0	0.0	0.0	0.6	6.6	28.1	45.4	13.6	4.5	1.1	0.0	0.0	100.0
大涝	县次数	0	0	0	1	6	49	77	14	5	0	0	0	152
	占全年比例/%	0.0	0.0	0.0	0.7	3.9	32.2	50.7	9.2	3.3	0.0	0.0	0.0	100.0

(2)湖北暴雨洪涝空间分布。受地形影响,湖北省暴雨呈现多中心分布特征,鄂西南武陵山地东南侧、鄂东南幕阜山地西北侧以及鄂东北大别山地西南侧均是暴雨的多发区(图 3.1)。尤其是 6—7 月的梅雨季节,因境内降水集中,强度大,又常遭遇客水过境,暴雨洪涝灾害高发。

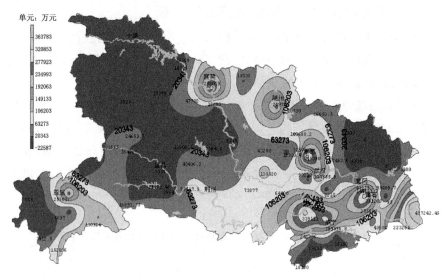

图 3.1 湖北省暴雨洪涝灾害损失分布图(1996 年 10 月到 2005 年 10 月)(附彩图)

(来源:武汉中心气象台)

3.3 湖北暴雨致灾规律

能够产生洪涝灾害的暴雨被称为致洪暴雨。自然因素是产生洪水和形成洪涝灾害的主导因素。暴雨是形成洪涝灾害的直接原因,主要影响因素有气候条件、地理位置和地形地势。在暴雨频发,强度较大的地区,暴雨易于成灾,灾害的危害性相对较大;相反,在暴雨较少发生而强度较弱的地区,暴雨不易成灾,灾害的损害相对较小。

3.3.1 湖北暴雨洪涝年的大气环流形势

在汛期,当大气环流发生某些异常变化时,就会产生频繁的大范围强降雨,使暴雨、洪水互相遭遇和叠加,发生恶劣的洪水组合、拥堵、抬升,酿成湖北省的特大洪涝灾害。造成湖北省洪涝的大气环流形势和演变特征,主要有以下三种(《中国气象灾害大典》编委会,2007)。

(1)持久的强梅雨锋系。汛期内,西太平洋副热带高压先强后弱,脊线长期徘徊在 20°~25°N,入梅早、出梅晚。长江中游上空长期维持着较强的暖湿气流;与此同时,西风带乌拉尔山和远东地区上空阻塞高压稳定,贝加尔湖和蒙古国上空长期有较强的冷低压移动,并不断分裂低压槽东移,引导地面冷空气陆续南下与暖湿气流交汇于长江中游,形成强而持久的梅雨锋系,使中层的辐合带也长期停滞在长江中游沿岸,加上西南低涡不断地沿辐合带东移,从而造成频繁的强降雨过程,产生大量超额洪水。

(2)盛夏期再建梅雨锋系。西太平洋副热带高压前期较正常,入梅后,在长江中游产生 4～5 次暴雨过程,副热带高压便一度加强西伸,使雨带向西北推移到长江、汉江上游,鄂东出现 6～8 天晴热天气后,西风带环流发生调整和移动,接着又重建了乌拉尔山上空的阻塞高压和贝加尔湖冷低压稳定形势,副热带高压减弱南退,脊线又稳定在 20°～25°N,暖湿气流重新活跃在长江中游上空,冷暖空气再次在长江中游形成辐合带,在青藏高原上空低压槽或四川低涡东移过程中,产生频繁的大范围暴雨过程,形成所谓的"二度梅雨"。暴雨与先期产生的洪水叠加,而不断地产生洪峰和洪涝灾害。

(3)梅雨辐合带在长江中游南北反复推移。梅雨期内,在长江中游上空暖湿气流旺盛时,北方有较强冷空气南下与暖湿气流组成明显的辐合强降雨带,自江北向南推移到南岭以北,冷空气势力减弱,而暖湿空气势力加强,将辐合强降雨带又从江南向北推到江北,发生更强的暖切变暴雨;在短期内又有新的冷空气南下入侵湖北时,则会使暖切变转为冷切变,将辐合强降雨带再由江北向南推移。在辐合强降雨带反复南北推移过程中,各支流和湖泊的水位不断上涨,水、雨叠加造成江汉平原和长江中游的严重洪涝灾害。

3.3.2　湖北暴雨洪涝致灾规律

通过对洪涝的致灾强度(标准化降水指数)、承灾体的暴露度(受害面积和受灾人口)以及灾害造成的损失进行分析,反映了洪涝灾害的致灾特征。依据降水量计算得到的洪涝致灾强度能反映灾害的自然属性,表明洪涝本身强度的大小,但其产生的灾情强弱,需要进一步考虑承灾体本身的属性。结合灾情数据的特点,洪涝灾害主要作用的承灾体分别是农作物和人,而农业经济损失、死亡人口、房屋损坏、房屋倒塌和直接经济损失等灾害损失则是自然和社会属性共同作用的结果。洪涝过程中受害人口的数量能够间接反映灾害对人类社会影响范围的大小,两者有较好的相关关系(图 3.2),表明受害人口作为洪涝的基本承灾体之一,其数值的变化能间接反映直接经济损失的大小(周悦　等,2016)。

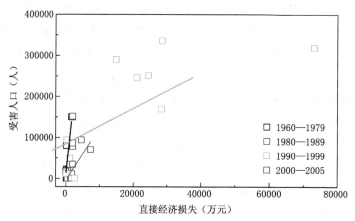

图 3.2　湖北省洪涝灾害受灾人口与直接经济损失的相关特征图(附彩图)

　　洪涝灾害不仅会给人们的生产、生活带来巨大的财产损失,而且危及人们的生命安全,几乎每一年的洪涝灾害都造成了人员的死亡。死亡总人口与受害总人口的相关关系在一定程度上能反映灾害对人员生命的威胁程度,尤其是承灾体的脆弱度,两者的拟合曲线斜率越小,承灾体对洪水的相对脆性也就越高(图 3.3)(周悦 等,2016)。

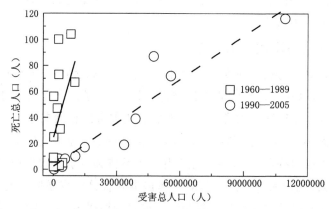

图 3.3　湖北省洪涝灾害受害人口与死亡总人口的相关特征图

3.3.3　湖北暴雨致灾的地理因素①

当暴雨发生以后,地理环境成为影响灾害发生的重要因素。地理环境包括地形、地貌、地理位置和江河分布等。湖北省地形复杂,有山地、丘陵和平原,不同的地形对暴雨形成灾害的影响是不同的。山地由于其阻挡作用,常常会形成绕流和爬流等,易引发暴雨。同时,山地在暴雨的作用下,最易诱发滑坡和泥石流等次生灾害。虽然居住在这些地区的人口较稀少,然而一旦强度大或持续时间长的暴雨发生,就容易引发山洪和泥石流等灾害,轻则冲毁公路,阻断交通,重则淹没房屋,伤害人命。一些灾害个例表明,山洪或泥石流的发生在一瞬间都能毁灭整个村庄,有时造成的人员伤亡非常惊人。

盆地和山间平川地带一般来说地面坡度较大,沿河多为阶梯台地,排水条件较好,洪水浸淹范围有限,不至于造成重大灾害。然而,如果遇到高强度、大范围的暴雨,尤其是持续性大暴雨,就容易发生严重灾害。

平原地区由于其地势平坦,面积辽阔,较少发生以冲击性为主的山地灾害,而以漫渍型的涝灾为主。在江汉平原上分布着长江、汉江等江湖,来自上、中游的洪水进入平原后峰高量大,与河道的泄洪能力之间存在矛盾,因此导致了江汉平原的洪涝灾害。洪水泛滥以后,水流扩散,因为平原地势,行洪速度缓慢,一般造成的人员伤亡较少,但江汉平原地区经济发达,人口密集,一旦发生暴雨或持续性大暴雨,其造成的巨大经济损失和对社会生活的破坏程度不是其他地区所能相比的。可以说,平原优良的自然条件和适宜人类居住及发展的特点也恰恰构成了一个重要的成灾原因。

地形走势对暴雨成灾也具有重要的影响,湖北省地势为东、西、北三面环山,中间低平,西高东低,且受季风气候影响明显,降水充沛,暴雨频发多发,很容易造成洪水和渍涝灾害,对经济和社会造成较大损失。

---

① 引自(丁一汇 等,2009)

第 4 章

暴雨对湖北经济社会的影响

暴雨作为一种雨水资源,对能源、农业、水上交通、水产、生态等有积极影响,但极端暴雨则会对农业、交通运输、城市运行、工业、生态等造成不利影响。充分认识暴雨对湖北经济、社会和生态的影响,对最大限度趋利避害有着十分重要的意义。

4.1 暴雨对湖北经济社会发展的积极意义

湖北暴雨多发,且暴雨灾害时有发生,但暴雨对湖北经济社会发展所产生的积极作用远大于负面影响,主要体现在对雨水资源的开发利用上。雨水资源利用是指在保证防洪和生态安全的前提下,综合利用工程措施、技术和管理手段,对雨水和洪水实施拦蓄、滞留和调节,将雨水和洪水适时适度地转化为可供利用的水资源,用于经济、社会、生态和环境的用水需求(王银堂等,2009)。加强雨水资源开发利用对于湖北经济、社会、生态建设意义重大。

雨水资源是保持地球植物和生物生存与发展的基础性资源,广义的雨水资源包括云水资源、冰雪资源和降雨资源。水资源在自然界以固态、液态和气态三种形式存在。在自然农业经济状态下,雨水资源状况是直接影响农业收成丰歉的重要资源要素,进入工业经济社会,它不仅影响农业经济发展,而且也会严重影响工业经济。同时,雨水资源是维持河流、湖泊自然水生态环境的根本保证,是保障现代经济社会发展的基础性资源(姜海如,2006)。

4.1.1 湖北雨水资源总量

(1)湖北水资源特点。湖北省地处长江中游,洞庭湖之北,西、北、东三面环山,水面面积约占全省总面积的10%。湖北省境内河流密布、湖泊众多,除长江以外,有中小河流1193条,河流总长3.5万千米;湖泊星罗棋布,素有"千湖之省"的美誉。另外,地下水资源储量丰富,且水质良好。水资源不仅在湖北省自然资源中占有相对优势,而且与其他省份相比,湖北省水资源也具有比较优势。其特点具体表现为(李泽红 等,2004):

　　总量丰富,但人均水资源量偏少。湖北省降水充沛,年均降水约 1171
毫米。现有湖泊水面面积 2984 平方千米,总面积居全国前列。全省地表水
资源总量多年平均近 1027.86 亿立方米,但从人均水资源占有量来看,人均
年有效占有量仅有 1731 立方米,在全国范围内优势并不明显。

　　时空分布不均。空间上,降水地域分布呈由南向北递减趋势,南部为北
部的 3 倍多;时间上,年内主要集中在 4—9 月,约占全年的 70%～85%,年
际变化也很大,丰水年与枯水年水资源量常常相差近 10 倍,有的地方相差
近 15 倍。

　　客水与地下水资源丰富。湖北省主要位于长江水系和淮河水系,其中
99.3% 的区域位于长江水系,只有 0.7% 的区域位于淮河水系。河网密布,
每年都有丰富的水资源通过河流入境湖北省,特别是长江和汉江干流的上
游地区每年给湖北省带来丰富的过境水资源(肖加元 等,2016)。另外,湖
北省地下水资源较丰富,年总量可达 300 亿立方米,且水质较好。

　　水能资源优势突出。湖北省内可开发的水能装机容量 3308 万千瓦以
上,居全国第四位。

　　(2)湖北水资源分布与储量结构。湖北省属亚热带季风气候区,降水充
沛,暴雨频发。境内河流密布,客水水资源相当丰富;湖泊多,现有湖泊水面
面积大。省内地下水资源储量丰富,水质良好。降水、客水、地表和地下水
资源是湖北省水资源储量的基本组成部分,其分布现状各有不同。

　　在水资源总量方面,近 13 年来,湖北省水资源总量年平均约为 981.15
亿立方米,最多的 2016 年达 1498.0 亿立方米,为年平均的 1.53 倍,最少的
2006 年只有 639.68 亿立方米,仅为年平均值的 65%(表 4.1)。全省水资
源主要分布在恩施、宜昌、荆州、黄冈、咸宁等地区,襄阳、荆门、随州、孝感等
地区则相对偏少,最多的恩施、宜昌、黄冈年均分别达到 193.38、116.13、
107.71 亿立方米,最少的随州、孝感年均分别为 27.77、35.91 亿立方米。

表 4.1　2005—2017 年湖北省各市州水资源总量统计表

(单位:亿立方米)

市(州、林区)	2005	2006	2007	2008	2009	2010	2011
武汉	34.68	22.92	31.02	36.41	35.32	76.62	27.24
黄石	27.04	23.51	18.86	26.82	31.53	58.58	28.46
襄阳	95.38	50.55	86.63	83.70	52.71	55.99	46.25

市(州、林区)	2005	2006	2007	2008	2009	2010	2011
荆州	63.76	65.67	68.48	70.85	70.71	119.09	58.04
宜昌	95.08	82.52	146.15	145.88	105.90	131.61	86.77
黄冈	86.22	52.29	78.03	98.95	88.03	165.09	64.98
鄂州	7.55	5.36	5.65	5.40	8.52	19.33	9.80
十堰	132.61	54.66	73.25	71.50	84.21	110.05	89.90
孝感	32.01	21.24	45.98	47.63	25.94	45.32	15.60
荆门	26.56	30.14	71.36	60.68	36.72	40.90	25.69
咸宁	65.84	58.26	44.79	66.14	66.30	135.21	65.02
随州	42.62	17.05	54.78	36.85	15.13	33.12	10.26
恩施	175.65	116.44	239.77	225.20	156.11	208.57	182.75
神农架	18.14	10.88	20.78	20.05	14.95	17.02	21.30
仙桃	11.86	10.15	9.10	12.83	13.78	22.45	10.27
天门	9.53	9.15	12.12	14.36	10.82	16.11	7.27
潜江	9.44	8.89	8.31	10.69	8.60	13.67	7.93
全省总量	933.97	639.68	1015.06	1033.94	825.28	1268.73	757.53

市(州、林区)	2012	2013	2014	2015	2016	2017	年均
武汉	44.22	39.93	41.23	62.03	98.73	44.18	45.73
黄石	37.21	23.72	35.42	38.63	59.48	45.60	34.99
襄阳	40.46	40.45	50.08	43.89	54.65	100.07	61.60
荆州	72.87	71.59	70.22	105.11	125.93	82.80	80.39
宜昌	92.41	102.09	100.23	103.10	166.89	150.99	116.13
黄冈	87.46	90.53	117.16	136.72	219.20	115.59	107.71
鄂州	10.66	9.27	10.96	12.87	22.28	9.33	10.54
十堰	66.62	57.07	83.93	64.94	66.93	129.44	83.47
孝感	19.89	25.41	29.12	44.91	79.71	34.06	35.91
荆门	20.09	32.50	21.23	42.02	83.41	51.09	41.72
咸宁	103.54	68.44	95.09	106.11	128.36	130.76	87.22
随州	8.48	11.52	23.68	25.87	40.83	40.78	27.77
恩施	168.73	168.35	186.98	166.83	268.00	250.59	193.38

续表

市(州、林区)	2012	2013	2014	2015	2016	2017	年均
神农架	14.19	14.64	23.29	12.78	18.16	27.45	17.97
仙桃	10.97	13.04	11.06	19.78	24.83	15.73	14.30
天门	8.15	11.96	7.54	15.88	24.21	9.85	12.07
潜江	7.96	9.64	7.08	14.16	16.40	10.45	10.25
全省总量	813.91	790.15	914.30	1015.63	1498.00	1248.76	981.15

注:根据 2005—2017 年湖北省水资源公报整理。水资源总量指评价区内当地降水形成的地表、地下产水总量,由地表水资源量加地下水资源与地表水资源不重复量而得。

　　湖北省年均产水总量占降水总量的 46.1%,年均产水量为 52.8 万立方米/平方千米,最高的 2016 年产水量达 80.6 万立方米/平方千米,为全省年平均的 1.53 倍,最低的 2006 年只有 34.4 万立方米/平方千米,仅为全省年平均值的 65%(表 4.2)。全省产水量咸宁、恩施、黄石、鄂州、黄冈等地区相对较高,最高的咸宁、恩施年均分别达到 88.6、80.8 万立方米/平方千米,最低的随州、襄阳、荆门、十堰年均分别为 28.9、31.2、33.8、35.3 万立方米/平方千米。

表 4.2　2005—2017 年湖北省各市州产水模数统计表

(单位:万立方米/平方千米)

市州林区	2005	2006	2007	2008	2009	2010	2011	2012	2013	2014	2015	2016	2017	年均
武汉	40.7	26.9	36.4	42.7	41.4	89.8	31.9	51.9	46.8	48.3	72.7	115.8	51.8	53.6
黄石	59.4	51.6	41.4	58.9	69.3	128.7	62.5	81.7	52.1	77.8	84.8	130.6	100.2	76.8
襄阳	48.4	25.6	43.9	42.4	26.7	28.4	23.5	20.5	20.5	25.4	22.3	27.7	50.8	31.2
荆州	45.4	46.7	48.7	50.4	50.3	84.7	41.3	51.8	50.9	49.9	74.8	89.6	58.9	57.2
宜昌	44.6	38.7	68.5	68.4	49.6	61.7	40.7	43.3	47.8	47.0	48.3	78.2	70.8	54.4
黄冈	49.4	30.0	44.7	56.7	50.5	94.7	37.3	50.2	51.9	67.2	78.4	125.7	66.3	61.8
鄂州	47.2	33.5	35.3	33.8	53.2	120.7	61.2	66.6	57.9	68.5	80.4	138.2	58.3	65.8
十堰	56.1	23.1	31.0	30.2	35.6	46.6	38.0	28.2	24.1	35.5	27.5	28.3	54.8	35.3
孝感	36.0	23.9	51.7	53.5	29.1	50.9	17.5	22.3	28.5	32.7	50.4	89.5	38.3	40.3
荆门	21.5	24.4	57.9	49.2	29.8	33.2	20.8	16.3	26.4	17.2	34.1	67.6	41.4	33.8

市州林区	2005	2006	2007	2008	2009	2010	2011	2012	2013	2014	2015	2016	2017	年均
咸宁	66.9	59.2	45.5	67.2	67.3	137.3	66.0	105.1	69.5	96.6	107.8	130.3	132.8	88.6
随州	44.3	17.7	56.9	38.3	15.7	34.4	10.7	8.8	12.0	24.6	26.9	42.4	42.4	28.9
恩施	73.4	48.6	100.1	94.1	65.2	87.1	76.3	70.5	70.3	78.1	69.7	111.9	104.7	80.8
神农架	56.3	33.8	64.4	62.2	46.4	52.8	66.0	44.0	45.4	72.1	39.6	56.3	85.1	55.7
仙桃	46.8	40.1	35.9	50.6	54.4	88.6	40.5	43.3	51.4	43.6	78.0	97.9	62.0	56.4
天门	36.4	34.9	46.3	54.8	41.3	61.5	27.8	31.1	45.6	28.8	60.6	92.5	37.6	46.1
潜江	47.2	44.5	41.5	53.5	43.0	68.4	39.7	39.8	48.2	35.4	70.8	82.0	52.3	51.2
全省	50.2	34.4	54.6	55.6	44.4	68.2	40.7	43.8	42.5	49.2	54.6	80.6	67.2	52.8

注:根据 2005—2017 年湖北省水资源公报整理。

按照农业用水资源统计,湖北省年亩均水资源总量 1933 立方米,最多的 2016 年达 2886 立方米,为年平均的 1.49 倍,最少的 2006 年有 1331 立方米,为年平均值的 69%(表 4.3)。全省年亩均水资源总量表现为神农架、恩施、十堰、咸宁、宜昌等地区偏多,天门、孝感、襄阳、潜江、仙桃、随州等地区相对较少,最多的神农架、恩施、咸宁年均分别为 22096、5239、3730 立方米,最少的天门、孝感、襄阳年均分别为 740、918、948 立方米。

表 4.3　2005—2017 年湖北省各市州亩均水资源总量统计表

(单位:立方米)

市(州、林区)	2005	2006	2007	2008	2009	2010	2011
武汉	1118	738	994	1150	1145	2495	877
黄石	2352	1914	1438	2053	2318	4349	2108
襄阳	1618	826	1416	1323	810	843	689
荆州	969	953	988	1022	1019	1716	833
宜昌	2786	2426	4275	4273	3062	3852	2558
黄冈	1804	1096	1635	2009	1759	3261	1291
鄂州	1240	868	913	874	1374	3117	1581
十堰	6131	2390	3094	2840	2524	4318	2716
孝感	867	575	1246	1221	663	1156	397
荆门	710	799	1892	1598	947	1055	655
咸宁	3174	2607	1954	2871	2858	5784	2863

续表

市(州、林区)	2005	2006	2007	2008	2009	2010	2011
随州	2067	836	2661	1800	733	1606	497
恩施	4598	3052	6268	5849	4051	5380	4714
神农架	19549	11729	22295	28766	16075	18298	23252
仙桃	838	732	672	941	996	1623	736
天门	590	568	755	895	666	991	443
潜江	948	890	832	1042	822	1296	750
全省	1979	1331	2099	2103	1635	2544	1493

市(州、林区)	2012	2013	2014	2015	2016	2017	年均
武汉	1446	1334	1389	2074	3442	1551	1519
黄石	2769	1769	2646	2880	4385	3301	2637
襄阳	600	596	739	645	788	1429	948
荆州	1038	725	711	1490	1787	963	1093
宜昌	2382	2555	2495	2566	1108	3716	2927
黄冈	1727	1757	2269	2597	4257	2094	2120
鄂州	1777	1545	1784	1859	3184	1177	1638
十堰	1998	2149	3187	2475	2509	4829	3166
孝感	505	635	725	1117	1979	843	918
荆门	493	798	522	1032	2053	1331	1068
咸宁	4408	2876	3775	4159	6035	5129	3730
随州	593	642	1120	1224	1414	1872	1313
恩施	4352	4302	4770	4272	8527	7974	5239
神农架	21531	16218	25795	13993	27772	41979	22096
仙桃	808	960	775	1387	1511	847	987
天门	495	727	456	963	1470	599	740
潜江	752	911	655	1308	1505	958	975
全省	1601	1471	1685	1964	2886	2343	1933

注:根据 2005—2017 年湖北省水资源公报整理。

按照人均水资源统计,湖北省年人均水资源总量 1644 立方米,最多的 2016 年达 2546 立方米,为年平均的 1.55 倍,最少的 2006 年只有 1061 立方米,仅为年平均值的 64%(表 4.4)。全省人均水资源总量表现为神农架、恩施、咸宁、宜昌、十堰等地区多,武汉、孝感、天门、鄂州等地区相对偏少,最多的神农架、恩施、咸宁年均分别为22936、5345、3281立方米,最少的武汉、孝感、天门年均分别为477、714、838立方米。

表4.4 2005—2017年湖北省各市州人均水资源总量统计表

（单位:立方米）

市(州、林区)	2005	2006	2007	2008	2009	2010	2011
武汉	433	280	374	436	421	839	278
黄石	1070	926	738	1042	1219	2244	1094
襄阳	1639	868	1488	1432	895	947	837
荆州	999	1026	1066	1097	1092	1835	1017
宜昌	2384	2062	3640	3640	2638	3239	2144
黄冈	1187	717	1068	1346	1190	2355	872
鄂州	712	503	528	504	792	1775	933
十堰	3858	1577	2100	2037	2384	3120	2581
孝感	633	413	882	907	491	854	323
荆门	887	1017	2390	2022	1220	1356	892
咸宁	2379	2068	1566	2295	2281	4647	2202
随州	1683	678	2155	1439	587	1281	475
恩施	4566	3002	6131	5696	3953	5274	4556
神农架	23052	13709	25974	25000	18618	21192	26590
仙桃	795	676	614	862	921	1496	662
天门	592	564	748	885	667	991	459
潜江	944	889	829	1062	853	1353	778
全省	1560	1061	1673	1695	1347	2052	1248

市(州、林区)	2012	2013	2014	2015	2016	2017	年均
武汉	437	391	399	585	918	406	477
黄石	1524	970	1446	1572	2412	1846	1393
襄阳	729	723	894	782	969	1770	1075
荆州	1274	1247	1222	1842	2210	1468	1338
宜昌	2260	2491	2442	2505	4041	3651	2857
黄冈	1404	1448	1871	2173	3468	1823	1609
鄂州	1012	877	1036	1215	2085	867	988
十堰	1984	1695	2488	1920	1963	3787	2423
孝感	411	524	599	921	1625	693	714

续表

市(州、林区)	2012	2013	2014	2015	2016	2017	年均
荆门	696	1126	735	1451	2875	1761	1418
咸宁	4183	2754	3820	4233	5070	5158	3281
随州	389	528	1084	1181	1855	1845	1168
恩施	5104	5083	5636	5015	8009	7456	5345
神农架	18547	19118	30369	16634	23619	35748	22936
仙桃	926	1100	949	1712	2163	1378	1096
天门	593	928	584	1229	1884	767	838
潜江	837	1012	742	1478	1704	1082	1043
全省	1408	1363	1572	1736	2546	2116	1644

注:根据 2005—2017 年湖北省水资源公报整理。

　　按照年均 GDP 拥有水资源统计,湖北省年均 GDP 水资源总量 6.4 立方米/百元,最多的 2005 年达 14.4 立方米/百元,为年平均的 2.25 倍,最少的 2013 年只有 3.2 立方米/百元,仅为年平均值的 50%(表 4.5)。全省年均 GDP 水资源总量表现为神农架、恩施、咸宁、十堰、黄冈等地区多,武汉、鄂州、黄石、孝感、潜江等地区相对较少,最多的神农架、恩施年均分别达到 144.5、53.6 立方米/百元,最少的武汉、鄂州年均分别为 0.8、2.6 立方米/百元。

表 4.5　2005—2017 年湖北省各市州年均 GDP 水资源总量统计表

(单位:立方米/百元)

市(州、林区)	2005	2006	2007	2008	2009	2010	2011	2012	2013	2014	2015	2016	2017	年均
武汉	1.5	0.9	1.0	0.9	0.8	1.4	0.5	0.5	0.4	0.4	0.6	0.8	0.3	0.8
黄石	8.2	6.1	4.2	5.1	5.5	8.5	3.1	3.6	2.1	2.9	3.1	4.6	3.1	4.6
襄阳	15.9	7.5	11.0	8.3	4.4	3.6	2.2	1.6	1.4	1.6	1.3	1.5	2.5	4.8
荆州	16.2	15.0	13.2	11.3	10.0	14.2	5.6	6.1	5.4	4.7	6.6	7.3	4.3	9.2
宜昌	15.6	11.9	17.8	14.2	8.5	8.5	4.1	3.7	3.6	3.2	3.0	4.5	3.9	7.9
黄冈	24.7	12.8	15.8	15.8	12.0	19.1	6.2	7.3	6.8	7.9	8.6	12.7	6.0	11.9
鄂州	5.1	3.2	2.7	2.0	2.6	4.9	2.0	1.9	1.5	1.6	1.8	2.8	1.0	2.6
十堰	43.2	16.1	17.8	14.7	15.3	14.9	10.6	7.0	5.3	7.0	5.0	4.7	7.9	13.0

市(州、林区)	2005	2006	2007	2008	2009	2010	2011	2012	2013	2014	2015	2016	2017	年均
孝感	9.1	5.3	9.7	8.1	3.9	5.7	1.6	1.8	2.1	2.1	3.1	5.1	2.0	4.6
荆门	8.6	8.7	17.1	11.8	6.1	5.6	2.7	1.9	2.7	1.6	3.0	5.5	3.1	6.0
咸宁	32.2	24.7	15.4	17.9	15.8	26.0	10.0	13.4	7.8	9.9	10.3	11.5	10.6	15.8
随州	22.1	7.8	21.3	11.9	4.4	8.2	2.0	1.4	1.7	3.3	3.3	4.8	4.4	7.4
恩施	97.2	58.6	109.1	86.3	53.1	59.4	43.7	35.0	30.5	30.6	24.9	36.4	31.3	53.6
神农架	296.0	158.1	265.4	223.0	125.2	138.3	146.5	84.4	78.8	115.0	61.0	78.7	107.6	144.5
仙桃	8.2	6.2	4.8	10.2	5.7	7.7	2.7	2.5	2.6	3.3	3.8	2.2	4.8
天门	8.9	7.5	8.0	7.7	5.8	7.3	2.6	2.5	3.3	1.9	3.6	5.2	1.7	5.1
潜江	8.7	7.1	5.3	5.0	3.7	4.7	7.93	7.96	2.0	1.3	2.5	2.7	1.6	4.7
全省	14.4	8.5	11.1	9.1	6.4	8.0	3.9	3.7	3.2	3.3	3.4	4.6	3.4	6.4

注:根据2005—2017年湖北省水资源公报、国民经济和社会发展统计公报整理计算得出。

湖北省水资源总体分布呈南多北少,山区多,平原河谷少,且相差悬殊,其中荆州、宜昌、黄冈、咸宁、恩施等地区较多,襄阳、十堰等地区相对偏少。南部年径流深为1200～1400毫米,北部不足200毫米,相差6～7倍。鄂西南、鄂东南山区年径流深变化在900～1400毫米,为径流高值区;鄂北、鄂西北年径流深变化在150～250毫米,为径流低值区;水资源的地区分布与区域人口、耕地、产值等经济社会要素的分布极不符(张红梅,2012)。湖北省人均自产水资源仅为1750立方米,低于全国平均水平2600立方米/年,列全国第17位,接近国际公认的人均1700立方米的缺水警戒线(刘星宇,2016)。

在降水分布方面,湖北各地平均年降水量在800～1600毫米之间,呈由南向北递减趋势,鄂西南最多达1400～1600毫米。2005—2017年湖北省各地平均降水量折合降水总量见表4.6,年均2126.65亿立方米,最多的2016年达2646.01亿立方米,为年平均的1.24倍,最少的2006年为1729.46亿立方米,占年平均值的81%。总体来看,全省各地平均降水量折合降水总量表现为恩施、宜昌、黄冈、十堰、襄阳、荆州、咸宁等地区较多,与湖北暴雨分布基本一致,最多的恩施、宜昌、黄冈、十堰年均分别达到338.55、251.94、225.74、211.60亿立方米,最少的鄂州、潜江、天门、仙桃年均分别为20.26、22.75、28.25、29.89亿立方米。

表 4.6　2005—2017 年湖北省各市州降水量折合降水总量统计表

（单位：亿立方米）

市(州、林区)	2005	2006	2007	2008	2009	2010	2011
武汉	93.48	73.69	91.12	99.24	95.67	127.48	82.42
黄石	59.55	53.45	48.06	59.76	65.15	84.15	54.97
襄阳	206.34	150.07	205.21	196.14	162.68	170.22	160.45
荆州	129.97	147.88	145.65	158.57	155.20	196.74	133.46
宜昌	218.13	215.28	292.56	292.10	240.20	260.15	222.20
黄冈	206.78	158.33	194.04	226.96	211.50	276.19	170.18
鄂州	17.87	16.87	17.57	17.49	19.92	26.30	17.85
十堰	257.13	167.10	208.41	205.59	212.90	231.23	220.75
孝感	88.54	73.76	99.77	116.08	79.77	105.20	67.33
荆门	97.76	112.19	158.33	139.62	111.24	120.24	89.17
咸宁	130.51	124.81	113.35	138.88	136.96	205.50	127.45
随州	108.65	80.39	119.15	102.73	78.60	95.31	62.28
恩施	306.21	256.59	397.97	384.07	299.01	350.90	317.89
神农架	35.92	25.75	39.24	36.64	34.06	34.11	40.56
仙桃	25.70	25.40	23.63	25.57	30.11	36.73	25.03
天门	23.15	25.31	26.89	31.85	26.95	31.98	24.04
潜江	19.20	22.59	18.53	23.68	22.26	25.81	20.95
全省总量	2024.89	1729.46	2199.48	2254.97	1982.18	2378.24	1836.98

市(州、林区)	2012	2013	2014	2015	2016	2017	年均
武汉	106.60	100.78	99.04	118.67	153.19	103.50	103.45
黄石	67.10	48.13	65.84	68.14	86.85	75.95	64.39
襄阳	143.35	144.42	169.07	155.05	164.66	220.42	172.93
荆州	168.58	165.28	162.24	194.43	207.41	168.59	164.15
宜昌	223.56	247.16	235.01	243.34	300.32	285.21	251.94
黄冈	212.93	200.86	243.53	258.02	342.23	233.09	225.74
鄂州	19.70	17.28	19.98	22.46	31.62	18.41	20.26
十堰	182.83	177.16	224.76	193.39	200.00	269.53	211.60
孝感	78.32	86.29	91.46	106.58	137.18	94.11	94.19
荆门	86.21	110.32	97.64	124.11	169.68	133.13	119.20
咸宁	178.18	124.63	165.16	169.37	188.19	194.10	153.62
随州	57.91	70.45	87.28	90.64	110.12	108.50	90.16

市(州、林区)	2012	2013	2014	2015	2016	2017	年均
恩施	311.42	316.22	329.40	316.32	413.53	401.58	338.55
神农架	28.13	32.08	41.94	31.31	35.68	47.17	35.58
仙桃	29.51	31.36	25.83	37.07	40.87	31.81	29.89
天门	26.34	29.80	24.88	32.33	37.09	26.61	28.25
潜江	22.27	24.77	18.96	26.67	27.39	22.71	22.75
全省总量	1942.94	1926.99	2102.02	2187.90	2646.01	2434.42	2126.65

注:根据2005—2017年湖北省水资源公报整理。

在地表水资源分布方面,长江、汉江流经湖北的长度均在1000千米左右,河流总集水面积约131567平方千米,约占自然水面积70.7%。同时,省内湖泊众多,面积达3000余平方千米,可谓"星罗棋布"。暴雨是地表水资源最主要的补充来源,2005—2017年湖北省各地地表水资源量见表4.7,年均950.73亿立方米,最多的2016年达1468.20亿立方米,为年平均的1.54倍,最少的2006年只有608.93亿立方米,仅为年平均值的64%;最多的恩施、宜昌、黄冈年均分别达到193.38、115.30、105.17亿立方米,最少的潜江、鄂州、天门年均分别为8.86、9.22、10.52亿立方米。

表4.7　2005—2017年湖北省各市州地表水资源量统计表

(单位:亿立方米)

市(州、林区)	2005	2006	2007	2008	2009	2010	2011
武汉	31.55	19.71	27.71	33.10	31.92	73.23	23.48
黄石	26.26	22.70	18.09	26.14	30.77	57.64	27.42
襄阳	90.65	45.62	81.68	78.75	48.00	51.58	41.61
荆州	55.68	57.81	60.62	63.21	62.92	111.45	50.00
宜昌	94.24	81.73	145.32	145.05	105.11	130.90	85.97
黄冈	83.70	49.69	75.29	96.38	85.49	162.82	62.46
鄂州	6.44	4.20	4.55	4.43	7.43	17.99	8.32
十堰	132.61	54.66	73.25	71.50	84.21	110.05	89.90
孝感	30.64	19.86	44.5	46.25	24.57	43.95	14.19
荆门	25.36	28.95	70.18	59.50	35.46	39.76	24.41
咸宁	63.76	56.05	42.59	64.14	64.08	133.34	62.78

市(州、林区)	2005	2006	2007	2008	2009	2010	2011
随州	42.62	17.05	54.78	36.85	15.13	33.12	10.26
恩施	175.66	116.44	239.77	225.20	156.11	208.57	182.75
神农架	18.14	10.88	20.78	20.05	14.95	17.02	21.30
仙桃	10.03	8.29	7.26	10.94	11.76	20.54	8.32
天门	8.14	7.71	10.73	12.88	9.30	14.71	5.72
潜江	8.13	7.58	7.01	9.38	7.24	12.42	6.52
全省总量	903.61	608.93	984.11	1003.75	794.45	1239.09	725.41

市(州、林区)	2012	2013	2014	2015	2016	2017	年均
武汉	40.94	36.25	38.07	58.85	95.55	41.22	42.43
黄石	36.09	22.38	34.38	37.63	58.45	44.58	34.04
襄阳	36.17	35.39	45.87	39.04	49.89	95.34	56.89
荆州	65.49	64.56	64.36	99.16	119.97	76.82	73.23
宜昌	91.65	101.13	99.48	102.27	166.00	150.15	115.30
黄冈	84.70	87.82	114.63	134.28	216.82	113.12	105.17
鄂州	9.05	7.35	9.52	11.42	20.92	8.20	9.22
十堰	66.62	57.07	83.93	64.94	66.93	129.44	83.47
孝感	18.62	23.88	27.81	43.65	78.39	32.65	34.54
荆门	18.91	31.10	20.06	40.82	82.16	49.84	40.50
咸宁	101.57	65.74	92.96	104.02	125.93	128.37	85.03
随州	8.48	11.52	23.68	25.87	40.83	40.78	27.77
恩施	168.73	168.35	186.98	166.83	268.00	250.59	193.38
神农架	14.19	14.64	23.29	12.78	18.16	27.45	17.97
仙桃	9.13	11.15	9.26	17.93	22.94	13.74	12.41
天门	6.76	10.10	5.99	14.21	22.42	8.12	10.52
潜江	6.67	8.21	5.62	12.65	14.84	8.90	8.86
全省总量	783.77	756.64	885.89	986.35	1468.20	1219.31	950.73

注：根据 2005—2017 年湖北省水资源公报整理。地表水资源量指河流、湖泊等地表水体的动态水量，即天然河川径流量。

　　在地下水资源分布方面，湖北省河谷盆地地下水资源最为丰富，被称为地下的天然水库。2005—2017 年湖北省各地地下水资源量见表 4.8，年均 276.41 亿立方米，最多的 2017 年达 318.99 亿立方米，为年平均的 1.15

倍,最少的 2006 年只有 221.51 亿立方米,为年平均值的 80％;最多的恩施、宜昌、黄冈、十堰年均分别达到 57.17、40.62、27.53、26.39 亿立方米,最少的鄂州、潜江、仙桃、天门年均分别为 2.45、2.80、3.14、3.56 亿立方米。

表 4.8　2005—2017 年湖北省各市州地下水资源量统计表

(单位:亿立方米)

市(州、林区)	2005	2006	2007	2008	2009	2010	2011
武汉	10.47	9.10	10.29	10.39	10.22	12.09	9.03
黄石	7.13	5.81	5.90	7.27	6.91	9.10	5.83
襄阳	28.70	8.77	25.63	24.95	20.65	22.75	19.64
荆州	15.85	46.22	15.08	16.46	16.07	17.90	13.64
宜昌	37.37	22.36	43.88	46.07	38.47	43.76	40.03
黄冈	25.92	8.36	27.7	26.00	28.35	37.03	24.32
鄂州	1.70	8.78	1.70	1.64	1.86	2.30	1.64
十堰	34.81	2.54	25.8	24.85	27.06	32.62	28.13
孝感	8.35	17.53	8.87	9.19	7.16	7.60	5.96
荆门	10.91	3.92	15.07	12.93	11.93	12.52	9.72
咸宁	15.77	9.76	14.13	15.93	13.25	21.96	13.48
随州	9.47	41.16	9.80	7.48	4.78	6.67	2.74
恩施	55.08	13.98	62.68	61.38	59.50	61.85	61.54
神农架	7.80	6.13	8.52	8.37	8.35	8.05	8.53
仙桃	3.00	2.95	2.78	3.00	3.29	3.71	2.70
天门	3.08	3.28	3.17	3.84	3.56	3.91	3.07
潜江	1.81	11.56	1.81	2.28	2.04	2.30	1.92
全省	277.22	221.51	282.81	282.03	263.45	306.12	251.92
市(州、林区)	2012	2013	2014	2015	2016	2017	年均
武汉	10.86	10.31	10.84	10.86	13.31	10.97	10.67
黄石	8.15	6.35	7.63	8.01	9.32	9.47	7.45
襄阳	17.66	15.70	22.09	19.55	20.67	28.34	21.16
荆州	16.24	17.74	17.83	20.00	20.88	18.51	19.41
宜昌	38.14	36.79	44.18	39.98	46.85	50.18	40.62
黄冈	27.81	28.19	28.26	30.64	37.18	28.18	27.53
鄂州	1.90	1.53	1.74	1.94	2.77	2.38	2.45
十堰	27.21	21.41	29.18	24.38	28.89	36.23	26.39

市(州、林区)	2012	2013	2014	2015	2016	2017	年均
孝感	6.62	7.14	7.78	9.28	10.25	8.57	8.79
荆门	9.59	11.03	11.25	11.96	14.64	13.86	11.48
咸宁	20.31	15.44	19.33	19.15	20.99	22.32	17.06
随州	2.32	3.53	3.31	6.64	7.65	9.11	8.82
恩施	60.31	59.85	61.68	60.53	62.55	62.28	57.17
神农架	6.87	6.70	8.82	7.19	7.87	9.71	7.91
仙桃	3.24	3.29	3.08	3.51	3.11	3.25	3.14
天门	3.49	3.82	3.37	3.85	4.34	3.53	3.56
潜江	2.06	2.48	1.64	2.17	2.30	2.10	2.80
全省	262.78	251.30	282.01	279.64	313.57	318.99	276.41

注:根据 2005—2017 年湖北省水资源公报整理。地下水资源量指降水、地表水体(河道、湖库、渠系和渠灌田间)入渗补给地下含水层的动态水量。山丘区地下水资源量采用排泄量法计算,平原区地下水资源量采用补给量法计算。在确定各市州的地下水资源量时,扣除了山丘区与平原区之间的重复计算量。

在出、入境水资源分布方面,长江横贯湖北全境,并有汉江及洞庭湖诸水汇入,这些客水利用难度较大,同时加剧了全省江河堤防的防洪压力(刘星宇,2016)。2005—2017 年湖北省各河流入境水量见表 4.9。2011—2017 年各河流年均入境水量 6288.72 亿立方米,主要来自长江干流,约占 64%;2005—2017 年湖北省各河流出境水量见表 4.10,年均出境水量 6994.77 亿立方米,长江干流出境水量高达 99.7%。不难看出,湖北省客水资源丰富,自产水资源十分有限。另外,我国"南水北调"中线工程的顺利输水,使得汉江水系的河流径流量有所下降,丰富的过境水资源将成为湖北省水资源开发利用的重要后备资源。

表 4.9　2005—2017 年湖北省入境水量统计表　(单位:亿立方米)

河流水系	2005	2006	2007	2008	2009	2010	2011
长江干流	4508	2775	3861	4063	3736	3935	3283
洞庭湖水系	1901	1911	1670	1805	1673	2303	1362
汉江干流							359.5
丹江水系							36
唐白河水系	447	186	291	229	317	471	24.9

河流水系	2005	2006	2007	2008	2009	2010	2011
堵河南江							12.7
天河							1.7
小清河等							0.5
富水水系	11	12	9	14	10	24	2.21
黄盖湖水系							10.21
澴水							0.04
倒水							0.24
举水							0.16
合计	6867	4884	5831	6111	5736	6733	5093.16

河流水系	2012	2013	2014	2015	2016	2017	年均
长江干流	4558	3665	4478	3863	4131	4261	4034.14
洞庭湖水系	2163	1979	1991	2049	2319	1905	1966.86
汉江干流	224.88	170.4	188.04	186.15	142.79	272.7	220.64
丹江水系	26.5	10.26	7.45	17.34	11.1	33.13	20.25
唐白河水系	27.48	12.49	10.93	13.53	11.3	30.88	18.79
堵河南江	7.05	5.94	10.66	8.81	9.35	13.49	9.71
天河	1.11	0.69	0.65	0.65	0.6	2	1.06
小清河等	0.57	0.3	0.49	0.44	0.82	1.29	0.63
富水水系	3.99	2.88	3.47	3.76	4.53	5.74	3.80
黄盖湖水系	11.01	6.61	7.1	14	14.1	18.12	11.59
澴水	0.03	0.03	0.08	0.19	0.26	0.17	0.11
倒水	0.3	0.44	0.59	0.9	2.08	1.3	0.84
举水	0.13	0.37	0.28	0.31	0.7	0.18	0.30
合计	7024.05	5854.41	6698.74	6158.08	6647.63	6545	6288.72

注:根据 2005—2017 年湖北省水资源公报整理。各河流水系和合计的年均为 2011—2017 年的平均值。

表 4.10　2005—2017 年湖北省出境水量统计表　（单位:亿立方米）

河流水系	2005	2006	2007	2008	2009	2010	2011
长江干流	7619	5436	6626	6925	6432	7805	5689
淮河	6	2	7	6	1	4.4	0.8
华阳河水系	9	6	5	9	11	25.6	9.28
合计	7634	5444	6638	6940	6444	7835	5699.08

河流水系	2012	2013	2014	2015	2016	2017	年均
长江干流	7720	6506	7399	7009	7937	7616	6978.38
淮河	0.84	1.05	3.17	2.47	4.88	5.59	3.48
华阳河水系	13.93	6.83	14.55	13.17	28.02	16.43	12.91
合计	7734.77	6513.88	7416.72	7024.64	7969.9	7638.02	6994.77

注:根据 2005—2017 年湖北省水资源公报整理。

如《2017 年湖北省水资源公报》显示,2017 年全省平均降水量为 1309.5 毫米,比常年偏多 11.0%,属偏丰年份。地表水资源量 1219.31 亿立方米,地下水资源量 318.99 亿立方米,扣除地表水和地下水资源重复计算量,全省水资源总量为 1248.76 亿立方米,比常年偏多 20.5%。全省入境水量 6545.00 亿立方米,比常年偏多 2.4%;出境水量为 7638.02 亿立方米,比常年偏多 4.5%。2017 年全省总供水量和总用水量均为 290.26 亿立方米,在供水量中,地表水源供水量 281.42 亿立方米,占总供水量的 96.9%;地下水源供水量 8.77 亿立方米,占总供水量的 3.0%;其他水源供水量 0.07 亿立方米,占总供水量的 0.1%。在总用水量中,农业用水 143.96 亿立方米,占 49.6%;工业用水 87.78 亿立方米,占 30.2%;生活用水 58.52 亿立方米,占 20.2%。全省平均万元国内生产总值(当年价)用水量为 77 立方米,万元工业增加值(当年价)用水量为 63 立方米。按可比价计算,万元国内生产总值用水量比上年下降 5.7%,万元工业增加值用水量比上年下降 13.5%(湖北省水利厅,2018)。由此可见,暴雨对湖北经济社会发展的贡献。

4.1.2　雨水资源与湖北经济

暴雨雨水资源的价值实现最终在于经济利用,作为一项基础性经济资源,雨水资源的经济利用涉及多个行业。

(1)能源经济。在一些具有一定地理条件地区,如果上游有比较丰富的暴雨雨水资源,那么筑坝发电,使水动力资源转化经济能源。水力发电成本低,生产效率高(姜海如,2006)。我国经济高质量发展将对能源需求加大,特别是电力供应将难以满足需求,这为湖北水能资源开发提供了良好发展机遇。从自然禀赋看,湖北水能资源丰富,除长江、汉江干流外,全省可供开发的小水电藏量就达 400 万千瓦以上,尤以鄂西最为丰富,开发潜力巨大

(李泽红 等,2004)。如三峡水库设计最高蓄水位 175 米,总库容 393 亿立方米,其中防洪库容 221.5 亿立方米,大坝坝体可抵御千年一遇的特大洪水。在梅雨期遭遇暴雨引发的洪峰时,三峡水库利用其超大库容,削峰错峰,不仅避免洪峰对下游洪水叠加给下游防洪安全造成的威胁,而且适时多开闸发电,实现了对暴雨雨水资源的有效利用,提供了大量的清洁能源。2016 年汛期,三峡水库最大入库洪峰流量 50000 立方米/秒(7 月 1 日,长江 1 号洪峰),三峡水库控制出库流量 31000 立方米/秒,削减洪峰 19000 立方米/秒,削峰率 38%。7 月 3 日,长江 2 号洪峰在中下游形成,为减轻长江中下游的防洪压力、避免城陵矶超保证水位,三峡水库首次实现典型的城陵矶防洪补偿调度,出库流量从 31000 立方米/秒减少至 25000、20000 立方米/秒,成功实现长江 1 号洪峰与长江 2 号洪峰错峰,避免了城陵矶超保证水位,为减轻长江中游城陵矶河段和洞庭湖区防汛压力,避免荆江河段超警戒和城陵矶地区分洪发挥了关键性作用,6 月 10 日—9 月 9 日蓄水前,三峡水库累计拦洪 3 次,累计拦蓄洪水 92.76 亿立方米,为随后发电提供了水资源。2016 年三峡水库连续第 7 年实现 175 米实验性蓄水目标,三峡电站机组运行安全稳定,设备设施运行维护正常。全年发电 930.57 亿千瓦时,机组平均等效可用比例为 95.78%。三峡水库全年来水总量 4086 亿立方米,较初步设计同期偏枯 9.4%,通过开展流域梯级水库联合调度、中小洪水资源化调度、强化汛限水位管理等措施,三峡—葛洲坝梯级电站全年实现累计节水增发电量约 64.48 亿千瓦时(湖北省地方志编纂委员会办公室,2017)。

表 4.11 为 2014—2016 年湖北省主力水电厂蓄水总量与发电情况统计表,除丹江口电厂(水库)蓄水用于南水北调中线调水和发电外,其他电厂(水库)蓄水大部分用于发电。

表 4.11　2014—2016 年湖北省主力水电厂蓄水总量与发电情况一览表

水电厂	2014 年		2015 年		2016 年	
	年末蓄水量（亿立方米）	发电量（亿千瓦时）	年末蓄水量（亿立方米）	发电量（亿千瓦时）	年末蓄水总量（亿立方米）	发电量（亿千瓦时）
三峡电厂	3590	982.93	3820	865.16	3650	930.57
葛洲坝电厂	—	176.85	—	178.43	—	181.69
水布垭电厂	414	30.92	371	32.13	416	47.06
隔河岩电厂	292	22.68	278	26.28	270	37.16

水电厂	2014 年		2015 年		2016 年	
	年末蓄水量 （亿立方米）	发电量 （亿千瓦时）	年末蓄水量 （亿立方米）	发电量 （亿千瓦时）	年末蓄水总量 （亿立方米）	发电量 （亿千瓦时）
高坝洲电厂	36.3	7.73	33.9	8.95	39	10.95
丹江口电厂	1920	17.54	1430	39.57	1570	21.32
黄龙滩电厂	77.5	10.94	77.6	11.45	74.8	8.65

注：根据湖北省大中型水库水情通报、湖北发展改革年鉴整理。

（2）农业经济。水是生命之源，也是农业种植经济生产之源。对农作物而言，水分的作用主要是维持作物的生长机能和直接参与光合作用。雨水资源的自然利用，既取决于雨水资源的时空分布，又取决于地理条件的相互配置，二者均适宜于农业生产的土地是比较有限的。因此，为了保持或发展经常性的农业生产，极大地提高了对雨水资源的利用能力。对于农村，雨水资源的利用主要表现在实现农作物的稳产、高产和作物的改制及新品种的推广等农业方面（郭春丽　等，2009）。在湖北省总耗水量中，农业灌溉占67.16%（刘新宇，2016），现代农业生产既依靠天然水灌溉，也实现人工灌溉，暴雨雨水资源可满足农业大水漫灌的生产方式。2013—2017 年湖北省水稻、小麦总产量与农业用水量见表 4.12，每吨水稻和小麦年均用水量约669.56 立方米，且随着农业科技进步和管理水平的提高，每吨水稻和小麦用水量逐年有所减少。

表 4.12　2013—2017 年湖北省水稻、小麦总产量与农业用水量统计表

年份	总产量（万吨）		农业用水量 （亿立方米）
	水稻	小麦	
2013	1676.64	416.8	152.96
2014	1729.47	421.6	150.76
2015	1810.69	420.93	151.94
2016	1693.52	428.22	133.70
2017	1927.16	426.90	143.96
年均	1767.50	422.89	146.66

注：农业用水包括农田灌溉用水和林牧渔用水，根据 2013—2017 年湖北省统计年鉴、水资源公报整理。

2012—2017 年湖北省大、中、小型灌区灌溉水有效利用系数见表 4.13，可以看出，灌溉水有效利用逐年提高。如根据《2017 年湖北省农田灌溉水有效利用系数测算分析成果报告》，2017 年湖北省农田灌溉有效利用系数为 0.511。按灌区规模，大、中、小型灌区农田灌溉水有效利用系数分别为：大型灌区 0.5038、中型灌区 0.5042、小型灌区 0.5451。与 2016 年比较，全省及不同规模灌区的农田灌溉水有效利用系数均有所提高（湖北省水利厅，2018）。

表 4.13　2012—2017 年湖北省大、中、小型灌区灌溉水有效利用系数对照表

灌区规模	2012	2013	2014	2015	2016	2017
大型	0.4768	0.4783	0.4811	0.4879	0.4946	0.5038
中型	0.4813	0.4861	0.4927	0.5002	0.5007	0.5042
小型	0.5203	0.5250	0.5303	0.5364	0.5408	0.5451
全省	0.4858	0.4893	0.4935	0.4999	0.5045	0.5110

注：根据 2012—2017 年湖北省水资源公报整理。

水产养殖在湖北省农业产业中占有较大比重，暴雨雨水资源通过可控的措施，可提高淡水资源的利用率，发展人工养殖的现代淡水产业，从而带来全省水产养殖业规模的扩大和效益的提高。2005—2017 年湖北省 13 个典型湖泊每年蓄水总量见表 4.14，年均蓄水总量 21.58 亿立方米，逐年有增有减，2009 年最多（23.33 亿立方米），2007 年最少（19.39 亿立方米）；梁子湖最多（年均 8.43 亿立方米），张家湖最少（年均 0.25 亿立方米）。

水资源缺乏是干旱地区农村经济和社会发展的主要制约因素。在鄂北干旱地区，当发生暴雨时，可增加中小水库的库容，人们还可有计划地让出一定数量的土地，为暴雨雨水提供足够的蓄泄空间，通过雨水资源的利用，可以使供水量增加，从而带来显著的农业灌溉效益。2005—2017 年湖北省各市州大、中型水库蓄水量见表 4.15。如 2017 年湖北省共统计大中型水库 350 座，其中大型水库 72 座，中型水库 278 座。全省年末大中型水库蓄水总量为 504.96 亿立方米，比年初蓄水总量增加 95.74 亿立方米，增加幅度 23.40%。其中大型水库当年末蓄水量 462.25 亿立方米，中型水库当年末蓄水量为 42.71 亿立方米（湖北省水利厅，2018），有效地保障生产生活用水需求。

表 4.14　2005—2017 年湖北省典型湖泊蓄水量统计表

湖泊	湖泊分布涉及市州	年末蓄水总量（亿立方米）													年均
		2005	2006	2007	2008	2009	2010	2011	2012	2013	2014	2015	2016	2017	
鲁湖	武汉市	0.59	0.56	0.52	0.43	0.52	0.48	0.54	0.54	0.54	0.54	0.35	0.63	0.64	0.53
汤逊湖	武汉市	0.61	0.66	0.59	0.74	0.72	0.73	0.74	0.80	0.66	0.80	0.80	0.98	0.67	0.73
大冶湖	黄石市	0.43	0.36	0.31	0.84	0.36	0.48	0.38	0.58	0.60	0.77	0.52	1.19	0.62	0.57
张家湖	黄石市	0.25	0.26	0.29	0.19	0.26	0.26	0.27	0.26	0.26	0.25	0.24	0.26	0.24	0.25
保安湖	黄石市,鄂州市	0.86	0.82	0.81	0.81	0.89	0.91	0.75	0.90	0.85	0.84	0.91	0.92	0.80	0.85
长湖	荆门市,荆州市,潜江市	3.31	3.31	3.07	2.71	2.97	2.28	3.38	3.29	3.44	3.56	3.19	2.93	2.57	3.08
洪湖	荆州市	3.68	3.95	3.27	3.78	4.44	3.85	4.86	4.44	4.79	4.82	4.37	4.96	4.30	4.27
武山湖	黄冈市	0.25	0.25	0.27	0.26	0.29	0.25	0.28	0.31	0.30	0.30	0.29	0.25	0.30	0.28
梁子湖	鄂州市,武汉市	8.22	9.11	7.85	9.08	9.89	6.32	8.48	8.99	8.90	8.14	7.31	7.77	9.49	8.43
三山湖	鄂州市,黄石市	0.53	0.51	0.50	0.50	0.54	0.56	0.46	0.55	0.34	0.25	0.25	0.28	0.33	0.43
鸭儿湖	鄂州市	0.37	0.38	0.37	0.53	0.49	0.43	0.33	0.35	0.33	0.31	0.35	0.28	1.20	0.44
西凉湖	咸宁市	0.64	0.52	0.58	0.67	1.01	0.93	0.54	0.69	0.52	0.62	0.58	0.56	0.36	0.63
斧头湖	咸宁市,武汉市	2.02	0.87	0.96	1.41	0.95	0.98	0.96	1.16	0.99	1.01	1.04	1.07	0.73	1.09
合计		21.76	21.56	19.39	21.95	23.33	18.46	21.97	22.86	22.52	22.21	20.20	22.08	22.25	21.58

注：根据 2005—2017 年湖北省水资源公报整理。

表 4.15　2005—2017 年湖北省各市州大、中型水库蓄水量统计表

市（州、林区）	2005 座数	年末蓄水总量（亿立方米）	2006 座数	年末蓄水总量（亿立方米）	2007 座数	年末蓄水总量（亿立方米）	2008 座数	年末蓄水总量（亿立方米）	2009 座数	年末蓄水总量（亿立方米）	2010 座数	年末蓄水总量（亿立方米）	2011 座数	年末蓄水总量（亿立方米）
武汉	9	3.73	9	2.09	9	2.80	9	3.80	9	2.57	9	4.03	9	2.90
黄石	8	8.06	8	8.55	8	7.76	8	10.07	8	8.55	8	12.29	8	8.38
襄阳	67	16.68	70	14.27	70	17.20	73	20.47	73	15.54	74	18.58	74	18.51
荆州	7	2.41	7	2.38	7	3.09	7	3.30	7	2.95	7	3.51	7	3.08
宜昌	28	27.71	28	26.37	28	38.13	29	39.13	29	31.39	30	39.75	30	37.30
黄冈	46	12.35	46	8.67	46	11.54	49	14.98	49	6.10	49	17.36	49	13.10
鄂州	1	0.06	1	0.03	1	0.03	1	0.03	1	0.03	1	0.02	1	0.03
十堰	15	153.29	17	89.47	22	117.86	23	153.60	23	134.54	23	128.36	25	188.43
孝感	15	4.40	15	3.84	15	4.16	17	4.21	18	6.10	17	4.29	17	2.32
荆门	35	21.79	35	20.70	35	25.53	35	25.84	35	21.74	35	23.23	35	17.12
咸宁	22	9.03	22	6.82	22	6.46	22	7.82	22	6.60	22	9.51	22	8.00
随州	29	13.78	29	11.13	29	11.75	29	11.33	28	6.28	29	10.47	29	6.46
恩施	14	5.11	15	6.35	14	6.50	16	7.37	16	6.59	20	10.75	21	10.69
神农架					1	0.06	1	0.17	1	0.16	1	0.15	1	0.24
潜江														
全省	296	278.41	302	199.67	307	252.86	320	302.12	320	255.98	325	282.30	328	316.56

市（州、林区）	2012 座数	年末蓄水总量（亿立方米）	2013 座数	年末蓄水总量（亿立方米）	2014 座数	年末蓄水总量（亿立方米）	2015 座数	年末蓄水总量（亿立方米）	2016 座数	年末蓄水总量（亿立方米）	2017 座数	年末蓄水总量（亿立方米）
武汉	9	3.91	9	3.70	9	4.04	9	4.41	9	4.32	9	4.41
黄石	8	13.57	8	8.33	8	11.53	8	11.06	8	13.17	8	12.22
襄阳	74	13.86	74	13.62	74	18.94	74	17.67	74	18.22	74	23.78
荆州	7	3.93	8	3.92	8	4.66	8	3.69	8	3.90	8	3.85
宜昌	31	25.49	31	35.47	31	39.83	31	38.18	35	39.32	36	38.94
黄冈	49	15.52	49	15.91	49	18.99	49	18.66	49	21.27	49	18.14

市(州、林区)	2012		2013		2014		2015		2016		2017	
	座数	年末蓄水总量(亿立方米)	座数	年末蓄水总量(亿立方米)	座数	年末蓄水总量(亿立方米)	座数	年末蓄水总量(亿立方米)	座数	年末蓄水总量(亿立方米)	座数	年末蓄水总量(亿立方米)
鄂州	1	0.03	1	0.02	1	0.05	1	0.04	1	0.03	1	0.05
十堰	27	147.91	28	109.55	29	234.44	29	185.27	30	199.10	30	291.94
孝感	17	1.79	17	1.76	17	2.34	17	3.46	17	5.02	17	4.93
荆门	35	14.09	35	14.17	35	14.07	35	19.40	35	26.11	35	27.01
咸宁	22	36.20	22	7.81	22	10.54	22	8.65	23	8.80	23	7.72
随州	29	5.27	29	5.36	29	7.58	29	11.46	29	12.34	29	14.31
恩施	22	36.20	22	44.90	22	52.05	22	48.38	29	54.85	29	54.91
神农架	1	0.08	1	0.08	1	0.21	1	0.15	1	0.07	1	0.19
潜江									1	2.58	1	2.56
全省	332	301.96	334	264.60	335	419.27	335	370.48	349	409.10	350	504.96

注:根据 2005—2017 年湖北省水资源公报整理。

　　另外,湖北省是农业大省,但冬季和春季降水较少,水资源相对稀缺,农业灌溉需求难以得到满足,特别是孝感、天门、随州等地种植冬小麦,冬春季对于灌溉用水的需求较为强烈。因此,利用丰富的过境水资源,可以在很大程度上缓解湖北省冬季和春季的旱情(肖加元 等,2016)。

　　(3)水上交通运输。在湖北省内河实现河道雨水资源利用,是在安全度汛的前提下,通过利用河道、湖泊、闸坝配合和河渠互济调度,尽可能多地拦蓄雨洪水资源(毛慧慧 等,2009),可提升航道的水位,有利于船舶正常通航,保障航行安全,发挥水上交通运输的效益。湖北省境内航运条件突出,共有通航河流近 200 条,航道总里程近 9000 千米,全省有港口近 60 个,其中枢纽港 3 个,百万吨级重要港口 5 个,设计年综合通过能力 15582 万吨、4880 万人次。国家提出长江经济带发展战略,为地处我国中部,交通优势明显,素有"九省通衢"之称的湖北省航运业带来新的发展机遇。长江航道是我国东西部连接要塞,随着长江经济带战略的实施,长江航运交通作用将逐渐显现,这将为振兴湖北省航运业带来生机。充分利用湖北省水资源与交通区位优势,牢牢把握长江经济带发展所带来的机遇,挖掘湖北省航运潜力,是湖北省水资源综合利用,提升水资源综合开发利用效益的重要任务之一(李泽红 等,2004)。如2016年湖北省内河航道通航里程达8637.95千米,其中三级以上高航道里程达1879千米,居长江沿线第一位,占全省航道总里程的21.8%。汉江沙洋港、仙桃港、丹江口港及黄梅小池滨江综合码头等先后开港,汉江三大航道整治工程基本完工,汉江下游航道常年可通行千吨级船舶。武汉阳逻港区、黄石棋盘洲港区集装箱铁水联运工程分别列入第一批"国家级"示范项目、培育项目(湖北省发展和改革委员会,2017)。通过暴雨雨水资源的合理利用,水上交通运输效益凸显。

(4)"亲水""邻水"产业。作为暴雨雨水资源丰富和江河、湖泊众多的湖北省,其"新型价值"是能创造经济新增长点。通过突出"亲水"生态、回归自然特色,实施大规模江河、湖泊绿化"邻水"行动,发展涉水生态旅游业,将涉水旅游产业和传统农、牧、渔业等涉水经济产业联姻、融合,引入体验性、休闲性、创意性、参与性、娱乐性等元素,发展典型江河湖泊"一湖一景"建设,能够带动"邻水"产业发展(农工党湖北省委员会,2014)。打造"水清、岸绿、景美"的"人水和谐"环境,在城区以亲水景观为主,郊区建立亲水休闲场所的旅游观光品牌。随着人们生活水平的逐步提高,人们的消费结构不断变化,越来越多的人将热衷于旅游休闲。湖北省拥有丰富的旅游自然资源与人文资源,特别是以水为主题的旅游资源在全国都处于上游地位。长江三峡工程竣工后,这一世界上规模最大的水利枢纽工程吸引了越来越多的游客前来观光。三峡工程在国内外的高知名度,加上长江三峡本身秀美的风光,已成为旅游市场的热点(李泽红 等,2004)。

4.1.3 雨水资源与湖北社会

随着经济社会的发展,用水问题日益突出,人们对雨水资源经济价值的认识得到普遍提高,全社会对雨水资源的利用和保护意识普遍增强,雨水转化为现实经济效益的能力得到提升,人工增加雨水资源科学研究正在向纵深发展。

雨水资源的利用,使供水量增加,从而可以提高用水需求的满足程度,如解决人畜饮水困难、保证弱势群体用水、降低饮用水困难人口比例、降低人均缺水量等;同时提高家庭生活用水费用支出的承受程度,如随着供水量增加,水价得以降低,减少了家庭生活用水支出。特别是雨水资源对水资源匮乏地区应首先是保证人畜的基本用水需求,否则会引起不必要的社会混乱。以上这些方面都有利于促进社会和谐和稳定发展(见图4.1)(郭春丽等,2009)。

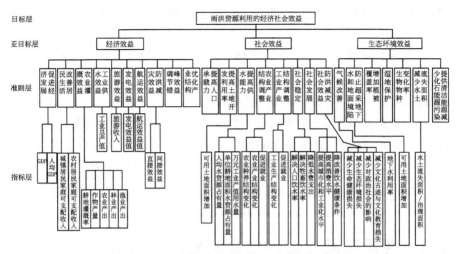

图 4.1　雨水资源利用的经济社会效益评估指标体系图（郭春丽 等，2009）

4.1.4　雨水资源与湖北生态

（1）雨水资源可用来补充地下水。为了合理利用和保护地下水资源，保障经济的可持续发展，将雨水资源存储在地下，补充地下水资源，供需要时开发利用，这也是雨水资源利用比较经济、常见的形式。在增加地下水补给的同时，可使雨水的汇流历时增大、洪峰流量减小，减小城市管网的压力，清除内涝（胥卫平 等，2009）。

（2）建设水源涵养林含蓄雨水资源。水源涵养林是水土保持防护林种之一，在河流源头占到一定的面积就能起到涵养水源、调洪削峰、减少泥沙入库等作用。水源林通过林冠、林地枯枝落叶层和森林土壤层这三层天然截水层来含蓄水源。枯枝落叶具有较大的水分截持能力，吸水量可以达到自身干重的 2～4 倍，各种森林的枯枝落叶层的最大持水率平均为309.54%，森林土壤由于具有较大孔隙度，可以含蓄较多雨水，相关研究表明每公顷的森林土壤的含水能力为 650 吨左右。森林土壤因具有良好的结构和植物腐根造成的孔洞，渗透快、蓄水量大，一般不会产生坡面径流，即使在暴雨情况下形成坡面径流，其流速也会比无林地的要低很多，森林流域的洪水历时会比无林流域延长 2～6 倍，甚至更长。涵养林除了能使洪峰滞后外，还具有显著的削洪补枯的作用，河川径流会有明显的丰水期和枯水期，但在森林覆盖率较高的流域,枯水期径流量占比也会较高。在平枯期,森林所含蓄的水分缓慢渗入江河,增加了河流平枯期的水量,推迟了枯水期的到来。没有森林覆盖的流域,枯水期径流约占全年径流的 6.5%,汛期占 78%;而在森林覆盖率为 90% 的流域,平枯期与汛期水量则分别占 28.6% 和 47.6%。因此,水源涵养林可使河川径流量在年内分配均匀化,从源头上提高雨水资源利用系数(闫轲 等,2011)。

(3)增加生态库容。遵循生态效益最大化原则,对水库兴利库容、防洪库容、调度运用方式进行重新分析和论证,在满足防洪安全及生活和生产用水的同时,增加生态库容,调整水库的运用方式,尽可能满足恢复下游河道生命力的最小过水量,在改善沿河生态环境的同时,补充地下水(崔文秀 等,2005)。

4.2　暴雨对湖北经济社会发展的危害与影响

暴雨对经济社会发展、人们生产生活是否造成灾害,取决于经济社会、人口、防灾减灾抗灾能力等诸多因素,因而暴雨灾害的发生不仅有其自然的原因,而且有其社会和人为因素的影响。暴雨灾害发生时会同时或伴随发生一种或多种灾害,持续给湖北省经济社会发展带来危害。在暴雨灾害发生之后,发生的与暴雨灾害相关的连锁性的其他灾害被称为暴雨灾害的次生灾害。次生灾害与暴雨灾害的规模、程度、历时、损坏与影响等因素有密切关系。一些强度大、灾情重的暴雨灾害,其诱发的一连串灾害也愈严重,有时甚至比原生灾害更为严重(丁一汇 等,2009)。

4.2.1　暴雨对湖北经济的危害与影响

(1)对农业的影响。湖北省是一个农业大省,暴雨洪涝灾害发生频率高,影响面积大,是制约湖北省农业发展的主要因素之一。暴雨洪涝灾害具有季节性、地域性、突发性的特点,对湖北省不同种植制度及种植的农作物种类和作物不同生育期产生不同程度的影响(彭莹辉,2017)。暴雨洪涝灾害的受灾成灾率高,常常造成大面积农田受淹,农作物减产甚至绝收,造成的损失巨大,严重影响着湖北省农业生产和粮食产量。表 4.16 为 2011—2017 年湖北省暴雨洪涝灾害造成农作物受灾情况的统计,可以看出近 7 年湖北农作物年均受灾面积 1789.5 亩、绝收 228.15 万亩,其中 2014 年农作物受灾最重,受灾面积 4404 万亩,绝收 541.5 万亩。

表 4.16　2011—2017 年湖北省暴雨洪涝灾害造成农作物受灾情况统计表

年份	农作物受灾情况	
	受灾面积(万亩)	绝收面积(万亩)
2011	1336.5	96
2012	946.5	94.5
2013	684	34.5
2014	4404	541.5
2015	1311	111
2016	2805.3	478.8
2017	1039	240.6
年均	1789.5	228.1

注:根据《气象统计年鉴》整理。

如 2016 年 6 月 30 日—7 月 6 日,湖北省出现大范围强降雨天气过程,过程特征明显,7 天过程降水总量大,9 县(市)突破历史极值。7 天内鄂东、江汉平原出现 4 次区域性大暴雨过程,强降水反复冲刷中东部地区;降水强度大,麻城、大悟等 5 县(市)日降水量突破历史极值,江夏 7 天降水量 733.7 毫米,为全省有观测记录以来最大值。此次强降水过程还引发了中小河流洪水、城市洪涝灾害以及地质灾害的发生。据民政部门灾情统计,截至 7 月 11 日 17 时,此次强降雨已造成湖北省 17 个市(州、林区)83 个县(市、区)1 347.55 万人受灾,死亡 56 人、失踪 6 人,农作物受灾面积 1984.95 万亩,直接经济损失 325.6 亿元,远超湖北省近十年来历年梅雨季的直接经济损失,影响可见一斑。

1998 年 7 月 20—24 日,武汉市及周边地区、鄂西南、江汉平原、鄂东南出现了大范围暴雨天气,局地出现了大暴雨、特大暴雨,截止 7 月 26 日,这次暴雨洪涝灾害使全省 58 个县(市、区)受灾,农作物受灾面积 2080 万亩,成灾 1640 万亩,绝收 430 万亩,损失陈粮 24 万吨。

1999 年 6 月 22—30 日湖北省出现连续暴雨和大暴雨,致使全省 59 个县(市、区)受灾,受灾面积 1546.5 万亩,成灾面积 1080 万亩,因灾绝收 331.5 万亩。

图 4.2 为 1960—2007 年湖北省洪涝度、洪涝受灾面积占作物总种植面积的百分率(简称洪涝受灾率)的年际变化情况。从图中可以看出,湖北省的洪涝每年都有发生,但发生的程度、范围、受灾面积以及成灾面积不同(刘可群 等,2010)。

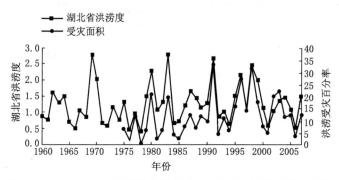

图 4.2 1960—2007 年湖北省洪涝度、农业受灾面积年际变化图

图 4.3 为 1975—2007 年湖北省洪涝度、受灾面积、受灾率、成灾率随时间变化的趋势。从图中可以看出,湖北省洪涝灾害农业受灾面积、受灾率、成灾率 30 多年来呈现较为明显的上升趋势,成灾率上升趋势更为明显(刘可群 等,2010)。

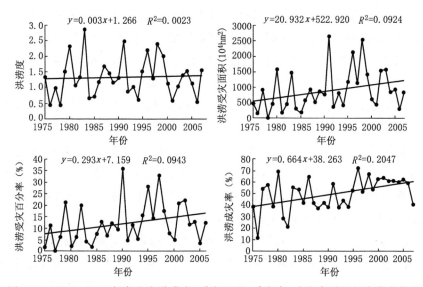

图 4.3 1975—2007 年湖北省洪涝度、受灾面积、受灾率、成灾率随时间变化趋势图

(2)对交通运输的影响。随着经济社会的发展,铁路、公路、航空运输作用越来越重要,但每年洪涝灾害对铁路、公路、航空正常运输和行车安全构

成很大威胁,其中京广、京九等重要铁路干线湖北省境内常处于洪水威胁之下,湖北省高速公路通车里程达 6250 千米,同样受到暴雨洪涝灾害的侵害,特别是特大洪涝灾害对交通运输的破坏最为严重。如 1991 年 6 月 29 日至 7 月 12 日,湖北省出现了连续暴雨、大暴雨及局地特大暴雨天气过程。过程总雨量在 200 毫米以上的有 54 个县(市、区),分布在江汉平原、鄂东及鄂西南南部,其中总雨量在 400 毫米以上的有 30 个县(市、区),500 毫米以上的有 15 个县(市、区)。据统计,这次连续暴雨造成湖北省公路、桥梁、涵洞等设施受到严重破坏,使 100 多个乡镇交通、通信、电力中断。

　　1996 年 7 月 13—18 日,湖北省发生了一次连续暴雨和大暴雨天气过程。强降雨主要在江汉平原及鄂东地区。从 13 日夜间开始到 18 日 5 天中,发生日雨量 50 毫米以上的暴雨达 77 个县、市、区次。这次连续暴雨和大暴雨造成湖北严重外洪内涝,汛情危急。由于府澴河出现历史罕见的洪峰流量,致使京广线中断 12 小时。

　　1997 年 7 月 12—15 日,湖北省除鄂西北外,大部地区普降暴雨,鄂南部分县(市、区)降大暴雨。这次暴雨灾情最重的是恩施市,7 月 13—16 日恩施市境内普降大到暴雨,暴雨持续 70 多小时,并伴有 6 级大风,造成恩施市境内公路路基塌方 1882 处,约 30.2 万立方米,路面滑坡中断 10500 米,冲毁桥梁 12 座、涵洞 896 道、防护工程 11 处 19.8 万立方米,致使 318、209 国道严重堵塞。

　　2015 年 7 月 23 日,武汉市遭遇大暴雨,创下 1998 年以来同期单日降水量最高纪录。截至当晚 18 时,武汉天河国际机场进港航班剩 103 班没有到达,出港航班剩 96 班没有起飞。因多地渍水,32 条公交暂时停运,轮渡、汽渡全部停航,近 80 条公交受影响绕行其他线路。当日 14 时 10 分,因雨势过大,城市路面积水涌入轨道交通车站轨行区,为确保轨道交通 4 号线运营安全,运营公司立即采取了紧急措施。

　　2016 年 7 月 6 日武汉市大部出现大暴雨到特大暴雨,最大小时雨强 20～40 毫米,局部 40～80 毫米。武汉城市渍涝监测表明,7 月 6 日武汉市降水达临界致灾雨量,有渍涝灾害发生,对交通运输带来较大影响。6 日全市因渍水导致车辆无法通行的路段共计 187 处,113 条公交线路已经停运。武汉市的长江隧道口临时树起封闭牌。过江的汽轮、汽渡停航。武汉地铁 2 号线中南路、4 号线武昌火车站、梅苑小区站等由于进水,为确保乘客安全,临时封闭,造成大量乘客滞留。市区汉口解放大道黄浦大街至三阳路、红旗渠路、武昌雄楚大道等多条道路出现渍水堵塞。在武汉市南湖文馨街附近,积水最深处已至大腿部位,多辆涉水经过的轿车在水中熄火抛锚。基于实况降水数据及地形数据,运用暴雨洪涝淹没模型对武汉城区 7 月 6 日强降水过程进行淹没水深模拟计算,得出武汉城区淹没水深大部在 0.2～2 米。图 4.4 为武汉市各淹没点水深叠加城区具有代表性的主要道路渍水点,可见大部道路渍水点位于淹没区域内(来源:武汉区域气候中心)。

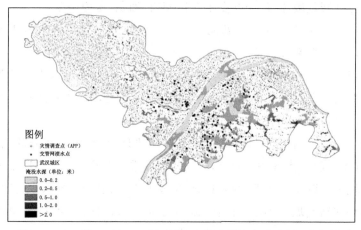

图 4.4 2016 年 7 月 6 日武汉城区淹没水深空间分布图(附彩图)

长江水运货运量为世界内河货运量第一,是世界上最繁忙的通航河流之一。表 4.17—表 4.20 为 2015 年湖北省境内长江水系航运基本情况统计表。受暴雨洪涝灾害等气象条件的影响,湖北省长江黄金水道作用未能充分发挥。

表 4.17 2015 年底湖北省境内长江水系内河码头和长江干线码头单位表

	全社会生产用码头泊位		综合通过能力				
	码头泊位数(个)	码头总延长(米)	散货、件杂货(万吨)	集装箱(万 TEU)	旅客(人)	重载滚装车辆(万辆)	商品滚装车辆(万辆)
长江水系内河码头	1950	159976	31730	433	3460	145	48
长江干线码头	1168	109806	25237	433	2969	114	48

注:资料来源交通运输部长江航务管理局。

表 4.18　2015 年底湖北省境内长江内河航(长江干线除外)道通航里程表(单位:千米)

内河航道 通航里程	其中					
	三级 航道	四级 航道	五级 航道	六级 航道	七级 航道	等外 航道
7515.57	729.91	408.31	939.3	1780.45	1206.9	2450.7

注:资料来源交通运输部长江航务管理局。

表 4.19　2015 年底湖北省境内长江水系水路运输工具拥有量表

船舶数(艘)	其中		载客量 (客位)	净载重量 (吨位)	标准箱位 (TEU)	总功率 (千瓦)
	机动船 数(艘)	驳船 数(艘)				
4357	4155	202	42647	7710626	20869	1913117

注:资料来源交通运输部长江航务管理局。

表 4.20　2015 年底湖北省境内长江水系和长江干线港口吞吐量表

港口	货物吞吐量(万吨)				集装箱吞吐量			滚装 汽车 (万辆)	旅客吞吐量
	合计	出港			箱数 (万 TEU)	重量 (万吨)	货重(吨)		合计 (万人)
		外贸	合计	外贸					
长江水 系港口	32949.46	1242.42	16104.57	572.65	132.2	1935.28	1667.42	66.51	361.18
长江干 线港口	29504.59	1242.42	14188.84	572.65	132.20	1935.34	1667.42	34.14	28.37

注:资料来源交通运输部长江航务管理局。

　　(3)对城市和工业的影响。城市人口密集,也是工业企业集中的地方,随着城镇化进程的加快,一旦发生暴雨洪涝灾害,造成城市内涝,工业企业停产,其损失将不可估量。如 1931 年长江大水,武汉被淹没 100 天,78 万人受灾,3.26 万人死亡。1991 年 6 月 29 日至 7 月 12 日,湖北省出现了连续暴雨、大暴雨及局地特大暴雨天气过程,湖北省受灾工业企业达 2.5 万多家,其中停产、半停产的达 22275 家。1998 年 6 月至 8 月,湖北省境内降雨过程频繁、暴雨次数多、范围广。全省共出现 13 次区域性暴雨过程,造成工交、商贸、邮电等企业经济损失在 150 亿元以上,近万家企业处于停产、半停产状态。2011 年 6 月 18 日,武汉市遭遇近 12 年来最大暴雨袭击,一天的降水量相当于 11 个半武汉东湖的水量。此次降雨从 18 日凌晨开始,6 时左右雨势开始加大,直到 15 时以后才逐渐减弱。降水量观测显示,从 17 日

93

8 时至 18 日 17 时,汉口降雨 196 毫米,汉阳 134 毫米,武昌 143 毫米,远城区降雨更猛,其中黄陂武湖达 243 毫米,新洲潘塘 212 毫米。降雨导致城区出现大面积积水,88 处地段严重渍水,不少路段积水深到连公交车辆都无法通行,加上全市 5000 多个工地在施工,下水管网许多被损坏和堵塞,这一天全市主要道路几乎全路段堵车,全城交通几近瘫痪,城市"看海"一词在武汉诞生。

4.2.2 暴雨对湖北社会的危害与影响

(1)人员伤亡。暴雨灾害对社会的影响首先表现为人员的伤亡,在自然灾害中死亡的人数约有 3/4 是由暴雨洪涝灾害造成的(丁一汇 等,2009)。近些年来,虽因防灾、减灾和避灾措施不断得到完善,洪涝灾害的死亡人数大幅度下降,但当发生特大洪涝灾害时,影响仍然很大,同时还造成房屋倒塌的损失。2011—2017 年湖北省暴雨灾害人口和房屋受灾情况见表 4.21,可以看出,因暴雨灾害造成湖北省年均 914.5 万人次受灾,年均死亡 43 人,倒塌房屋年均 2.5 万间,损坏房屋年均 7.9 万间。特别是 2011 年湖北暴雨灾害造成受灾人口 1039.0 万人次、死亡 48 人,倒塌房屋 3.2 万间、损坏房屋 9.5 万间。

表 4.21 2011—2017 年湖北省暴雨灾害人口和房屋受灾情况统计表

年份	人口受灾情况		房屋受灾情况	
	受灾人口(万人次)	死亡人口(人)	倒塌房屋(万间)	损坏房屋(万间)
2011	1039.0	48	3.2	9.5
2012	727.6	21	1.5	4.1
2013	555.0	32	1.2	2.6
2014	338.3	16	1.4	4.2
2015	913.3	39	1.6	5.2
2016	2080.5	110	7.9	25.1
2017	747.5	38	0.9	4.8
年均	914.5	43	2.5	7.9

注:根据《气象统计年鉴》整理。

如 2013 年 7 月 5—7 日湖北暴雨洪涝灾害,造成黄冈、武汉、孝感等地 40 个县(市、区)212.29 万人受灾,因灾死亡 4 人,农作物受灾 281.96 万亩,倒塌农房 1877 户 5141 间,严重损坏房屋 2342 户 9113 间,直接经济损失约

14.39 亿元。

2011 年 7 月 8—16 日,湖北出现持续强降水,强降水区域集中,强度大,持续强降水时间长。鄂东、江汉平原南部反复遭受暴雨袭击,江夏、英山等地出现多时段降水历史极值,强降水长度仅次于 1991 年和 1964 年,排历史第三。梅雨期集中降水造成全省 17 个市州、省直管市、林区 991 万人受灾,因灾死亡 74 人,失踪 4 人,农作物绝收 229 万亩,倒塌房屋 2.14 万户 7.48 万间,直接经济损失 117.3 亿元。

1983 年 7 月 3—7 日的连续大暴雨和局地特大暴雨过程,湖北省受灾人口 1855 万,其中重灾人口 860 万;因灾死亡 375 人,伤 5430 人。

1991 年 6 月 29 日至 7 月 12 日,湖北省发生了历史罕见的连续暴雨、大暴雨及局地特大暴雨,据统计,全省有 67 个县(市、区)受灾,重灾 41 个县(市、区),其中特重灾 21 个县(市、区),受灾人口达 2600 万,其中重灾人口 900 万,特重灾人口 550 万;有 19 个县城进水,4200 多个村庄 207 万多人被洪水围困,转移安置灾民 104 万多人;因灾倒塌房屋 38.6 万间,其中民房 33 万间,全部倒塌 4.16 万户 12.66 万间;损坏房屋 65 万间;死亡 438 人。

(2)疫病。洪水泛滥为各种病菌和蚊虫的繁殖和传播提供了温床,因此,洪涝灾害之后易造成瘟疫暴发和蔓延,给社会安定产生重大影响。历史上的大水灾之后,几乎都会有瘟疫伴随,使得伤亡人数更多。随着社会发展和科技进步,防灾减灾能力进一步增强,疫病可得到有效控制,但每次需为此投入大量人力物力。如 1954 年湖北省特大洪涝灾害,从 4 月下旬开始,直至 7 月 13 日,长达 57 天之久,截止 8 月底,全省共死亡 9132 人,其中因灾自杀 387 人,山洪冲走、淹死 2785 人,倒塌房屋压死 791 人,病死 5169 人,受伤 2651 人(刘星宇,2016)。1999 年 6 月 22—30 日,湖北省出现连续暴雨和大暴雨,使 59 个县(市、区)受灾,受灾人口 1809 万,成灾人口 1235.8 万;被水围困 38.6 万人,紧急转移安置 33.4 万人,无家可归 28.7 万人;因灾伤病 2.1 万人,死亡 40 人;倒塌房屋 18.3 万间,损坏房屋 25.9 万间(崔讲学,2009)。

4.2.3　暴雨对湖北生态环境的危害与影响

(1)对耕地的破坏。一是暴雨洪涝对水土的冲刷侵蚀,带走大量氮、磷、钾等使养分流失,导致土地贫瘠。二是暴雨洪水冲沙压毁坏农田,在江河周围的富饶耕地易于被泥沙覆盖,导致大量农田被毁。三是受洪水冲刷以后岩石裸露,土地沙化,不能耕作,使可耕地被迫弃耕。四是洪水泛滥后,土壤经大水浸渍,地下水位抬高,大量盐分被带到地表,使土壤盐碱化,农作物难以生存(丁一汇 等,2009)。湖北省水土流失遍及山区、丘陵地区,鄂西北、鄂东北山区尤为严重。水土流失不仅使土层变薄、土质变劣、农地减少、低产田增多,且淤积河道和水库,使洪水威胁日益严重,对河流下游地区的生态环境和国民经济发展造成严重危害(伍朝辉,2005)。

(2)对水环境的污染。暴雨洪涝灾害引发水环境污染,一是洪水泛滥使垃圾、污水、人畜粪便、动物尸体等漂流漫溢,生活用水都会受到病菌污染,严重危害人们身体健康。二是厂矿遭洪水淹没后,一些有毒重金属和其他化学污染物被大量扩散,对水质造成污染(丁一汇 等,2009)。这些直接导致水生生物大量死亡和重金属有害物质在水生生物体中富集,以及水体富营养化,使浮游生物的种类单一,甚至出现一些藻类爆发性增殖,造成湿地生物生存环境的改变和破坏,使越来越多的生物物种,特别是珍稀生物失去生存空间而濒临灭绝,造成湿地生物多样性严重破坏(伍朝辉,2005)。据预测,到 2030 年,湖北省人均水资源量将下降到 1371 立方米,进入用水紧张时期。同时,随着人口增长,经济和社会发展,总需水量仍呈持续上升趋势,需水量的增加将导致水资源供需矛盾更加突出。鉴于湖北省有丰富的客水和地下水资源,若供水设施完善,湖北省的水资源是可满足用水需求的。真正的挑战来自水污染。如果长江、汉江和湖北省大小河流的污染态势得不到遏制,众多湖泊水库的富营养化和酸化继续发展,则湖北省未来必将面临有水不能取的窘境。水污染不仅加剧水资源的供需矛盾,危害人类健康,而且破坏水生生态环境,污染土壤,给渔业、农业和旅游业等造成巨大损失(李泽红 等,2004)。

(3)对河流水系的破坏。河流普遍多沙,水流中泥沙含量增加,导致河流功能衰减、湖泊萎缩,给江河治理和保持良好的生态环境带来困难。一旦洪水决口泛滥,就会造成泥沙淤塞,对航运、灌溉、发电、行洪、水产养殖和旅游等都有影响,对河道功能的破坏非常严重(丁一汇 等,2009)。根据湖北省水资源综合规划不完全统计,20 世纪 80 年代以来,湖北省断流河道的总长度为 1444 千米,共发生 232 次,断流总天数 15965 天,主要发生在松滋河、虎渡河、藕池河、东荆河及滠水、倒水、举水、涢水、巴水、浠水和蕲水,其中荆南四河是长江的分流河道,其断流主要是河口断流,原因主要是泥沙淤积及长江水位低所致;东荆河是汉江分流河道,其断流主要是由于汉江来水量少、水位低所致;其他断流河流大多位于鄂东北,其断流主要是干旱引起的(伍朝辉,2005)。

第 5 章

湖北暴雨资源利用及灾害防御进展

暴雨是集中形成水资源的重要途径,但极端暴雨则会造成灾害甚至重大灾害。暴雨资源利用是指通过各种有效途径对自然形成的暴雨进行收集和利用的过程。暴雨资源利用主要包括自然利用和雨洪资源集蓄利用等方面(高雅玉 等,2015)。

5.1 湖北雨水资源利用概况

5.1.1 湖北水资源概况

湖北省大部地区年平均降水量在 800～1600 毫米。江河水系发达,湖泊水库密布。据 2017 年水资源公报显示,全省除长江、汉江外,流域面积 50 平方千米及以上河流 1232 条,总长 4 万多千米,河流密度 66 条/万平方千米,河网密度 0.22 千米/平方千米,均居全国前列。湖泊星罗棋布,素有"千湖之省"之称,有 100 亩以上湖泊和 20 亩以上的城中湖泊共 755 个,人工湖泊(水库)6725 座,为全国湖泊数量第四多省份。全省建成大型水库(库容 1 亿立方米以上)77 座,为全国大型水库最多省份。

水资源量丰富,但地区分布不均。全省多年平均自产地表水资源量 981 亿立方米,地下水资源量 285 亿立方米,扣除重复计算量 257 亿立方米,全省水资源总量 1009 亿立方米,人均水资源量 1724 立方米,略低于全国平均水平。多年平均入境水量为 6395 亿立方米,其中长江干流、洞庭湖水系、汉江入境水量分别为 4190 亿立方米、1855 亿立方米、332 亿立方米,过境水量丰富。鄂西北、鄂北岗地及鄂中丘陵区为少雨区,又无过境水可利用,旱情严重。

水污染问题日益突出,部分河湖水质污染严重。暴雨成为稀释和改善水质条件的重要资源。根据湖北省 2017 年水资源公报,中小河流全年期评价河长 8901 千米,优于Ⅲ类水(含Ⅲ类水)的河长 7927.6 千米,占 89.1%;劣于Ⅲ类的水河长 973.4 千米,占 10.9%,主要分布在四湖总干渠、淦河、涢水、漳水、举水、浠水、神定河、泗河、蛮河、竹皮河、通顺河、东排子河、黄渠河、唐河、小清河、浰河、滶水、汉北河等部分河段,主要超标项目为氨氮、总磷、高锰酸盐指数。湖泊现状水质污染较严重,城市(内)近邻湖泊水质污染尤为突出。2017年监测评价的29个湖泊中,轻度富营养湖泊14个,评价面积1173.08平方千米,占71.4%;中度富营养湖泊15个,评价面积469.6平方千米,占28.6%。其中Ⅲ类水湖泊3个,为保安湖、洪湖、武山湖,评价面积为457.5平方千米,占27.9%;Ⅳ类水湖泊11个,为磁湖、大冶湖、东湖、后官湖、梁子湖、龙感湖、鲁湖、三山湖、西凉湖、严西湖、长湖,评价面积772.24平方千米,占47%;Ⅴ类水湖泊10个,为大岩湖、汈汊湖、斧头湖、后湖、黄盖湖、密泉湖、汤逊湖、网湖、严东湖、涨渡湖,评价面积392.72平方千米,占23.9%;劣Ⅴ类水湖泊5个,为沉湖、墨水湖、南湖、南太子湖、沙湖,评价面积20.22平方千米,占1.2%。湖泊主要超标项目为总磷、氨氮。水库水质相对较好,监测评价的72座水库中,Ⅰ~Ⅱ类水水库45座,占62.5%;Ⅲ类水水库21座,占29.2%;Ⅳ类水水库5座,占6.9%;Ⅴ类水水库1座,占1.4%,为西排子湖,主要污染物为总磷。按营养状况评价,56座水库为中营养,15座水库为轻度富营养,1座水库为中度富营养每年只有暴雨多发季节这些湖泊和水质才能有所改善。

5.1.2 湖北水资源变化与利用

江河湖泊是暴雨流经地表形成水资源的重要载体,在暴雨资源利用方面具有重要作用。表5.1、表5.2分别给出了湖北近10年水资源变化和开发利用情况(湖北省水利厅,2009、2018)。

从表5.1可以看出,近10年来,湖北水资源状况良好,无论从年均降水量、地表水资源量、地下水资源量,还是从水资源总量来看,湖北水资源在总体上均为增加向好的状况。

表5.1 湖北省2008年与2017年水资源变化情况一览表

	2008年	2017年
年均降水量	全省平均降水量1213.0毫米,折合降水总量2254.97亿立方米	全省平均降水量1309.5毫米,折合降水总量2434.42亿立方米
地表水资源量	全省地表水资源量1003.75亿立方米,折合径流深539.9毫米	全省地表水资源量1219.31亿立方米
地下水资源量	全省地下水资源量282.03亿立方米,其中平原区地下水资源量66.78亿立方米,山丘区地下水资源量216.82亿立方米	全省地下水资源量318.99亿立方米,其中平原区地下水资源量72.78亿立方米,山丘区地下水资源量248.03亿立方米

续表

	2008 年	2017 年
水资源总量	全省水资源总量 1033.95 亿立方米,占产水总量的 45.9%。全省人均水资源总量 1695 立方米,亩均水资源总量 2103 立方米	全省水资源总量 1248.76 亿立方米,占产水总量的 51.3%。全省人均水资源总量 2116 立方米,亩均水资源总量 2886 立方米

注:根据《2008 年湖北省水资源公报》《2017 年湖北省水资源公报》整理。

从表 5.2 可以看出,2017 年与 2008 年相比,湖北供水量增加了约 20 亿立方米,增加的供水量主要为地表水供水量;用水量也相应增加了 20 亿立方米,其中农业用水略有增加,工业用水下降了近 10 亿立方米,而生活用水增加了约 18 亿立方米;用水消耗量略有下降,其中农业耗水量基本持平,工业耗水量减少了约 10 亿立方米,而生活耗水量则增加了约 8 亿立方米。可以看出,一是生活耗水量明显增加,反映出居民生活环境得到改善,生活质量得到提高。二是工业用水下降明显,反映出湖北省通过大力实施最严格水资源管理制度和建设节水型社会效果显现,水资源利用率得到提高,实现了用较少的水资源消耗支撑经济社会的发展。

表 5.2 湖北省 2008 年与 2017 年水资源开发利用情况一览表

	2008 年	2017 年
供水量	全省总供水量 270.71 亿立方米,其中地表水源供水量 261.57 亿立方米,占 96.6%,地下水源供水量 8.43 亿立方米,占 3.1%,其他水源供水量 0.72 亿立方米,占 0.3%	全省总供水量 290.26 亿立方米,其中地表水源供水量 281.42 亿立方米,占 96.9%,地下水源供水量 8.77 亿立方米,占 3.0%,其他水源供水量 0.07 亿立方米,占 0.1%
用水量	全省总用水量 270.71 亿立方米。按老口径统计,其中农业用水 142.80 亿立方米,占 52.8%,工业用水 96.98 亿立方米,占 35.8%,生活用水 30.93 亿立方米,占 11.4%	全省总用水量 290.26 亿立方米。按老口径统计,其中农业用水 143.96 亿立方米,占 49.6%,工业用水 87.78 亿立方米,占 30.2%,生活用水 58.52 亿立方米,占 20.2%
用水消耗量	全省用水消耗总量 126.89 亿立方米,耗水率(消耗量占用水量的百分比)为 46.7%。按老口径统计,其中农业耗水量 80.70 亿立方米,工业耗水量 28.14 亿立方米,生活耗水量 18.05 亿立方米,分别占用水消耗总量的 63.6%、22.2% 和 14.2%	全省用水消耗总量 125.16 亿立方米,耗水率(消耗量占用水量的百分比)为 43.1%。按老口径统计,其中农业耗水量 80.60 亿立方米,工业耗水量 18.34 亿立方米,生活耗水量 26.22 亿立方米,分别占用水消耗总量的 64.4%、14.7% 和 20.9%

续表

	2008 年	2017 年
废污水排放量	全省废污水排放总量 46.91 亿吨（不包括火电直流冷却水），其中第二产业（主要是工业废水）为 36.14 亿吨，占 77.0%，城镇生活污水 7.77 亿吨，占 16.6%，第三产业废污水 3.00 亿吨，占 6.4%	全省废污水排放总量 51.86 亿吨，其中第二产业（主要是工业废水）为 22.79 亿吨，占 43.9%，城镇生活污水 12.99 亿吨，占 25.1%，第三产业废污水 16.08 亿吨，占 31.0%

注：根据《2008 年湖北省水资源公报》《2017 年湖北省水资源公报》整理。

5.2　湖北暴雨资源利用进展

5.2.1　农业用水

农业用水历来都是水资源消耗的大头，约占水资源消耗总量的 60% 左右。据最新资料显示，江河湖水对改善下游生态、生产、生活用水发挥着不可或缺的重要作用。暴雨造成的河流、水库、湖泊水位上涨，增加的蓄水量，对于下游或周边农田灌溉，缓解旱情都有非常有利的影响。暴雨来临时，在做好水库调度、确保防洪安全的情况下，可充分利用雨水资源，科学蓄水，解决农田缺水问题。也正是由于湖北省湖泊众多，暴雨时刻积蓄大量雨水，可以在较长时间满足农业用水。

湖北暴雨主要发生在 6、7 月份主汛期，这时正是农作物生长季节，短时间的暴雨对于缓解农业旱情、湖塘蓄水、调节气候均有有利影响，但长时间、大范围的暴雨则会造成洪涝灾害。

从图 5.1 可以看出，2008—2017 年湖北省农田灌溉亩均用水量基本维持在 400 立方米左右，最高年份达到 460 立方米，2016 年则出现下降，为最低年份，亩均用水量为 320 立方米，这主要与 2016 年湖北省境内大范围持续性降水有关。

从表 5.3 可以看出，2008—2017 年湖北省粮食作物种植面积和产量保持了连续增长势头，仅在 2016 年出现下降情况，这主要与 2016 年湖北遭遇大范围持续性降水造成的农业减产有关。棉花种植面积自 2014 年起呈现逐年减少的情况，油料作物种植面积稍有波动，但基本保持比较稳定的种植

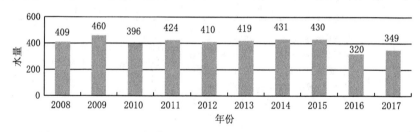

图 5.1　2008—2017 年湖北省农田灌溉亩均用水量表（单位：立方米）

面积。充沛的雨量保证了湖北粮食、棉花和油料作物的生长。强降雨也在农业抗旱中发挥着重要作用。

表 5.3　2008—2017 年湖北省主要农作物种植面积与产量统计表

	年份	2008	2009	2010	2011	2012	2013	2014	2015	2016	2017
粮食	面积（万公顷）	390.67	401.25	406.84	412.21	418.01	425.84	437.03	446.60	443.69	447.17
	产量（万吨）	2227.23	2309.1	2315.80	2388.53	2441.81	2501.3	2584.16	2703.3	2554.11	2599.69
棉花	面积（万公顷）	54.3	46.01	48.01	48.87	47.29	41.56	34.48	26.47	20.25	20.27
	产量（万吨）	51.3	48.05	47.18	52.58	53.15	45.97	35.95	27.89	18.85	18.17
油料	面积（万公顷）	133.96	144.83	144.87	142.44	145.73	151.7	154.25	154.55	145.29	145.37
	产量（万吨）	283.56	314.05	311.80	303.12	319.66	333.17	341.9	345.22	329.75	340.65

　　2010 年底到 2011 年 5 月,湖北遭遇连续 6 个多月降水持续异常偏少,导致历史罕见的冬春夏三季连旱。塘堰干涸,水库"无水",长江汉江告急,中小河流断流,成千上万亩禾苗枯萎,大片大片的土地龟裂。据湖北省防汛抗旱指挥部办公室的报告称,截至 5 月 16 日,除神农架林区外,全省 83 个县、市、区均有旱情,受旱农田面积 1664 万亩,有 50.2 万人、15.8 万头大牲畜饮水困难。直到 6 月 9—10 日,梅雨期首场暴雨的出现,才使旱情得到彻底缓解。这场暴雨过程湖北大部分地区出现大到暴雨,局部大暴雨,其中

16 个县(市、区)大雨、13 个县(市、区)暴雨、6 个县(市、区)大暴雨、1 个县特
大暴雨,262 个乡镇大雨、240 个乡镇暴雨、49 个乡镇大暴雨、8 个乡镇特大
暴雨。也正是这场暴雨彻底缓解了历史罕见的旱情。

5.2.2　水产养殖

　　暴雨给湖北带来丰沛的水资源。据湖北省水利厅公布的《2017 年湖北
省水资源公报》显示,2017 年湖北地表水资源量 1219.31 亿立方米,地下水
资源量 318.99 亿立方米,扣除地表水和地下水资源重复计算量,全省水资
源总量为 1248.76 亿立方米。全省入境水量 6545.00 亿立方米,出境水量
为 7638.02 亿立方米。充沛的水资源为水产养殖提供了得天独厚的条件。
数据显示,长江湖北段沿线 28 个县(市、区),面积 1467 平方千米,220 万
亩。由于地理环境优越,气候适宜,鱼类资源不论是种类还是数量,均为沿
江九省之冠,其盛产的青鱼、草鱼、鲢鱼、鳙鱼"四大家鱼",历来享有盛誉,最
高年产量曾达到 200 亿尾。

　　从图 5.2 可以看出,近 10 年来,湖北省水产品产量基本呈现逐年增加
的态势,仅 2017 年出现了下滑的情况,这可能与 2016 年湖北出现的长时间
大范围洪涝有关。10 年年平均水产品产量为 399.35 万吨,最少的 2008 年
为 313.39 万吨,最多的 2016 年为 470.84 万吨。

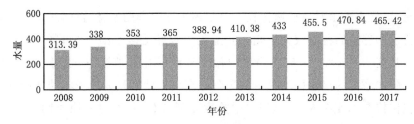

图 5.2　2008—2017 年湖北省水产品产量示意图(单位:万吨)

　　水产品养殖离不开水库与湖泊,水库与湖泊蓄水与降水密切相关。
如 2011 年 1—5 月降水严重偏少,干旱严重,导致大中型水库蓄水量大幅
减少,湖北省大中型水库 5 月末蓄水量比年初减少 97.03 亿立方米,减少
幅度达 34.3%。由表 5.4 可以看出,2016 年和 2017 年大中型水库蓄水
较多,原因是 2016 年全省平均降水量 1423.4 毫米,折合总降水量为
2646.03 亿立方米,比常年偏多 20.6%,属典型丰水年。2017 年全省平

均降水量 1309.5 毫米,折合总降水量为 2434.42 亿立方米,比常年偏多 11.0%,属偏丰年份,加上 2016 年降水偏多因素,2017 年水库和湖泊蓄水量异常增多。

表 5.4 2008—2017 年湖北省大中型水库与典型湖泊蓄水量统计表

（单位:亿立方米）

年份	2008	2009	2010	2011	2012	2013	2014	2015	2016	2017
大中型水库	302.12	255.98	282.30	316.56	301.96	264.6	319.27	370.48	409.10	504.96
典型湖泊	21.95	23.32	18.46	21.97	22.86	22.52	22.21	20.20	22.08	22.25
全省	324.07	279.3	300.76	338.53	324.82	287.12	341.48	390.68	431.18	527.21

说明:水库蓄水包括不同年份 64～72 座大型水库和 256～278 座中型水库;典型湖泊包括武汉境内的鲁湖、汤逊湖,黄石境内的大冶湖、张家湖、保安湖,荆州境内的长湖、洪湖,黄冈境内的武山湖,鄂州境内的梁子湖、三山湖、鸭儿湖,咸宁境内的西凉湖、斧头湖等 13 个湖泊。

暴雨产生的降水可使淡水流入池塘,对取水困难的水产养殖场以及旱情严重的季节会产生积极有利的影响。湖北省湖泊众多,其盛产的四大家鱼深受全国各地客商青睐。极端暴雨会造成灾害,但适时、适量的暴雨是湖泊蓄水的重要方式,尤其是在持续干旱的情况下,短时间的暴雨对水产养殖是有利的。

另外,适时、适量的暴雨还可增加水体交换,改善水质条件、增加水体溶氧量,以促进养殖对象快速生长。降水还可改变养殖水体盐度,对某些有盐度要求的养殖品种有较大影响。如南美白对虾适盐范围为 0.1%～3.5%,最适盐度为 0.2%～2.5%;当水中盐度逐渐淡化的情况下,也可在盐度为 0.1%～0.2% 的淡水中生存。罗氏沼虾在出苗前和培养成蚤状幼体前期盐度应保持在 1.4% 左右,但当水中盐度逐渐淡化后,经过一段时间,虾苗可在盐度为 0.1% 左右的淡水中生存。

5.2.3 水库拦蓄水发电

暴雨可导致洪涝灾害,但暴雨作为宝贵的水资源,经地面渗透、湖蓄、洼蓄外,大部分经径流流入江河湖海。江河水为水力发电提供了清洁能源动力。长江作为国内第一、世界第三大河,流经湖北 1061 千米,为湖北水电事业发展带来得天独厚的条件。长江三峡集团、葛洲坝集团,汉江集团、清江集团先后建成和投运的大小水电站,为缓解我国电力能源短缺发挥了极为重要的作用。

三峡集团管理的三峡水库蓄水位 175 米,相应库容 393 亿立方米,汛期防洪限制水位 145 米,防洪库容 221.5 亿立方米。三峡电站有坝后式电站、地下电站和电源电站三座电站,共 32 台机组,单机额定功率 70 万千瓦。其中,坝后式电站安装 26 台 70 万千瓦水轮发电机组,装机容量 1820 万千瓦;地下电站安装 6 台 70 万千瓦水轮发电机组,装机容量 420 万千瓦;电源电站安装 2 台 5 万千瓦水轮发电机组,装机容量 10 万千瓦。电站总装机容量为 2250 万千瓦,多年平均发电量 882 亿千瓦时。2018 年三峡水电站发电量突破 1000 亿千瓦时,创国内单座电站年发电量新纪录。

葛洲坝集团有两座发电厂分设在二江和大江上,共装机 21 台,总装机容量 271.5 万千瓦,年平均发电量为 141 亿度,是世界大型水电站之一。

汉江集团已建成投运丹江口水力发电厂、潘口水电站、小漩水电站、王甫洲水电站等,总装机容量 183.9 万千瓦时,在建和待建的有孤山水电站、新集水电站等,总装机容量 190 万千瓦时。其中,丹江口水利枢纽工程 1973 年初期规模建成。初期规模坝顶高程 162 米,正常蓄水位 157 米,相应库容 174.5 亿立方米。枢纽电厂装有 6 台水轮发电机组,总容量为 96.5 万千瓦,年平均发电量 38 亿千瓦时。南水北调中线工程大坝加高完成后,坝顶高程达到 176.6 米,正常蓄水位 170 米,相应库容 290.5 亿立方米,每年可向北方地区供水 95 亿立方米。

清江集团下属隔河岩(121.2 万千瓦)、高坝洲(27 万千瓦)、水布垭(184 万千瓦)三座大型水电站,总装机容量 336.23 万千瓦(含 5 座自备保安电源电站 4.03 万千瓦),设计年发电 80 亿千瓦时,是截至目前我国中东部地区除三峡以外最大的水电基地。清江隔河岩、高坝洲、水布垭梯级电站陆续投产 25 年来,已累计发电过 1200 亿千瓦时,产值达三座电站总投资的两倍,税收过 90 亿元。

5.2.4　海绵城市建设

近年来,我国多个城市遭遇暴雨袭击,出现了大面积的城市内涝,网络一度热搜的"武大看海""地铁瀑布"等情景再次引发社会各界对城市雨水管理问题的深度思考。为避免"暴雨倾城"事件的发生,加强城市雨水资源管理,建设海绵城市成为城市雨水管理的重要手段。

海绵城市是新一代城市雨水管理概念,是指城市在适应环境变化和应对雨水带来的自然灾害等方面具有良好的"弹性",也可称之为"水弹性城市"。国际通用术语为"低影响开发雨水系统构建"(王立彬,2015),是指通过建设绿色屋顶、可渗透路面、下凹式绿地、城区河湖水域、污水处理设施等,加强城市对自然灾害的承载力,下雨时吸水、蓄水、渗水、净水,需要时将蓄存的水"释放"并加以利用。通俗地讲,海绵城市就是通过使用暴雨蓄滞区域控制水交换的进度、频率及交换的水量,减少流水不透水面积、延长水的流路和径流时间(图5.3)。

图 5.3 海绵城市示意图(来源:中吴网)

　　2015年11月,国务院办公厅下发了《国务院办公厅关于推进海绵城市建设的指导意见》(国办发〔2015〕75号)(以下简称《意见》)。《意见》提出,通过海绵城市建设,综合采取"渗、滞、蓄、净、用、排"等措施,最大限度地减少城市开发建设对生态环境的影响,将70%的降雨就地消纳和利用。到2020年,城市建成区20%以上的面积达到目标要求;到2030年,城市建成区80%以上的面积达到目标要求。

　　2015年,武汉作为全国首批海绵城市建设试点市。2016年9月,湖北省人民政府办公厅下发了《关于加快推进全省地下综合管廊和海绵城市建设的通知》(鄂政办发〔2016〕69号),全省各地海绵城市建设陆续开展。几年来,全省开工海绵城市面积已超过200平方千米,其中武汉40平方千米。截至2018年底,武汉已完成青山、四新海绵城市示范建设,将公共空间、学校、居民社区改造成具有海绵城市特征,累计改造完成面积38.5平方千米。

5.2.5　水资源调配

在自然界,人类和动物用水主要来自于江河、湖泊和地下水,但由于降水在时空分布上的不均匀性,导致一些地方水资源短缺。暴雨引发的洪水也是水资源(赵鑫钰,2007)。水资源调配主要分为本地调配和远程调度两种方式。

湖北省水资源本地调配,主要是水库拦蓄水发电。主要涉及防汛部门和葛洲坝集团、三峡集团和清江电力集团。以往的防汛调度中,在洪水即将来临前,防汛部门往往采取提前腾出水库库容的办法来确保防汛安全,造成部分水资源白白流失。目前,通过科学防汛和电力部门联合调度可实现双赢(曾齐林,2017)。湖北省防汛部门采取科学的防汛调度预案,与电力部门联合调度,上游洪峰到来前,提早加大马力发电和优化水资源配置,最大限度减少水资源流失造成的损失。

湖北水资源远程调配主要有以下三种方式。一是枯水季节,为缓解长江中下游地区饮水灌溉需求,加大三峡、葛洲坝电站下泄流量,为长江中下游地区补水。二是丰水季节,为缓解长江中下游地区防汛压力,加大对电站上游来水的拦截,为长江下游地区拦水度汛。三是实施南水北调中线调水,见图 5.4。为缓解京津冀地区水资源短缺状况,根据国家部署和安排,将湖北省丹江口水库清洁水源通过人工运河方式调往京津冀地区。在历时 11年建设后,2014 年 12 月 12 日,南水北调中线工程正式通水。截至 2018 年9 月,中线一期工程已不间断安全供水 1371 天,共调水 169.29 亿立方米,累计向京津冀豫 4 省市供水超 158 亿立方米,分别向北京供水 38.75 亿立方米、天津供水 31.57 亿立方米、河南供水 58.97 亿立方米、河北供水29.26 亿立方米,直接受益人口超过 1 亿人。

5.2.6　暴雨资源利用相关法规

为有效保护和合理利用气候资源,满足公众对优美生态环境的需要,促进经济高质量发展,2018 年 5 月 31 日,湖北省第十三届人民代表大会常务委员会第三次会议审议通过湖北省首部专门规范气候资源保护和利用的地方性法规《湖北省气候资源保护和利用条例》(以下简称《条例》),《条例》2018 年 8 月 1 日正式实施,标志着我省气候资源保护和利用走上法治化道路。

《条例》所指的气候资源包括太阳辐射、热量、风、云水、大气成分等。从

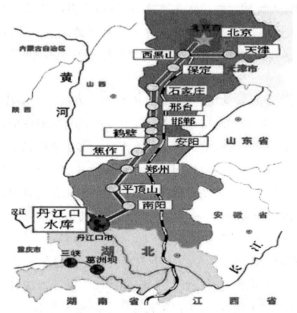

图 5.4　南水北调中线工程调水示意图(来源:贺勇,2014)

气候资源探测、区划和规划、保护、利用等方面提出了规范要求。暴雨资源属典型的气候资源,开发利用暴雨资源对湖北省经济社会发展意义重大。

　　据专家测算,湖北省年空中水资源量在 815~1253 厘米,但实际降到地表的只有 1/10。虽然湖北整体水资源丰富,但在北部地区,水资源相对欠缺,还有些地区存在季节性缺水。一旦发生比较严重的干旱,可以利用这些空中水资源,采取飞机播洒催化剂或通过高炮、火箭、熏烟等方法,降雨缓解干旱(陶常宁,2018)。

5.3　湖北暴雨灾害非工程性防御进展

　　暴雨灾害防御分工程性措施和非工程性措施。本节主要介绍非工程性防御进展情况,包括暴雨预报、暴雨预警、城市暴雨强度公式修订、暴雨灾害应急预案、暴雨灾害防御法规等。

5.3.1　暴雨预报

暴雨预报历来是天气预报的重点和难点。从世界范围来看,目前的暴雨预报准确率还比较低。究其原因,首先是对暴雨的形成机理认识还不深。大气运动的每一个环节都存在某些不确定性,暴雨的内部结构和形成机理极其复杂,虽然知道暴雨的形成必须具备充足的水汽、强烈的上升运动和大气不稳定层结等必要条件,但不可能每一次暴雨过程的大气运动都是一成不变的,特别是特大暴雨,它由大到几千千米、小到几千米的多尺度天气系统相互作用产生,且具有突发性和持续性特点,其发生、发展规律目前还不能完全掌握。其次,现有的暴雨预报模式还不够完善,数值预报产品解释应用和各类新型气象资料应用能力不够,在一定程度上制约了大气要素预报的精细化和准确率。再次,暴雨的中尺度系统与现有的大尺度气象观测网不相匹配,虽然近年来安装的大量自动气象观测站可作中尺度分析,但也只限于地面。对于暴雨的三维空间结构系统,高空观测站相对较少,一些局地性灾害性天气由于监测站网的密度不够,往往捕捉不到,即使卫星云图可作补充,但范围过大,不足以反映高空暴雨结构。最后,天气预报属于诊断预测科学,对天气情况进行诊断预测,其准确性随着科技发展和人类认识的进步呈逐步精确趋势,准确率虽不断提高但难以做到完全准确(陆铭　等,2011)。

湖北省是华中区域气象中心所在省,中国气象局武汉暴雨研究所是我国专门从事暴雨研究的科研院所。多年来,湖北省气象专家通过不断加强对暴雨机理的研究,暴雨预报准确率有了较大提高。图 5.5 给出了湖北省2009—2018 年近 10 年暴雨 24 小时预报准确率,最低的 2018 年为 16%,最高的 2016 年达到 32.1%,10 年平均为 22.0%(陈永权　等,2016),明显高于全国平均水平,接近发达国家的暴雨 24 小时预报准确率(20%~30%)。

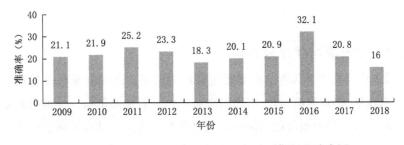

图 5.5　2009—2018 年湖北省暴雨 24 小时预报准确率图

5.3.2　暴雨预警

为规范包括暴雨在内的气象灾害预警信号发布与传播工作,2008 年 4 月 28 日,湖北省人民政府常务会议审议通过了《湖北省气象灾害预警信号发布及传播管理办法》,2008 年 5 月 6 日发布,7 月 1 日正式实施。

湖北省气象灾害预警信号分为台风、暴雨、暴雪、寒潮、大风、高温、干旱、雷电、冰雹、霜冻、大雾、霾、道路结冰等十三种,由名称、图标、标准和防御指南四部分组成。预警信号的级别依据气象灾害可能造成的危害程度、紧急程度和发展态势一般划分为四级:Ⅳ级(一般)、Ⅲ级(较重)、Ⅱ级(严重)、Ⅰ级(特别严重),依次用蓝色、黄色、橙色和红色表示。

气象灾害预警信号发布,对于依法传播、科学防御和减轻气象灾害损失发挥了重要作用,现已成为防御气象灾害的重要手段。随着观测和预报技术的不断改进,湖北省暴雨预警准确率也在不断提高,图 5.6 给出了 2010—2018 年湖北省暴雨预警准确率,9 年平均为 76.3%,最低的 2010 年为 65.7%(陈永权 等,2016),最高的 2018 年达到 84.8%,近 10 年提高了 19.1%,高于全国平均水平。

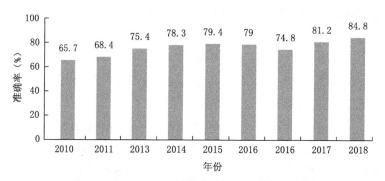

图 5.6　2010—2018 年湖北省暴雨预警准确率图

5.3.3　城市暴雨强度公式修订

城市内涝灾害是目前全世界普遍关注的问题。高强度暴雨是造成城市内涝"水浸街"的重要原因之一,而解决城市内涝的主要依据——城市暴雨强度的设计、计算是为城市建设服务的重要方面。我国的城市暴雨强度公式由 20 世纪 50 年代的《室外排水工程设计规范》发展至现今的《室外排水设计规范》,历次规范修编均未涉及暴雨强度公式的编制方法,原有方法已沿用近半个世纪。传统雨强公式建立在系列年限较短、代表性较差,精度较低、误差较大的资料基础之上。因此,开展城市暴雨强度公式修订势在必行。

为加强城市暴雨灾害防御工作,解决暴雨内涝威胁城市安全的突出问题。2014 年 5 月 4 日,住房城乡建设部与中国气象局联合下发了《住房城乡建设部 中国气象局关于做好暴雨强度公式修订有关工作的通知》(建城〔2014〕66 号)。同年 7 月 16 日,《湖北省住房和城乡建设厅 湖北省气象局关于做好暴雨强度公式修订和内涝防治等工作的通知》(鄂建文〔2014〕36号)印发,通知对做好该项工作提出五个方面的要求。一是开展城市暴雨强度公式编制修订工作,二是开展城市防涝能力普查和风险区划工作,三是开展城市暴雨内涝预报预警服务工作,四是加强城市暴雨内涝防灾减灾技术开发应用,五是加强城市暴雨内涝防御工作的管理和保障。

城市暴雨强度公式的修订,为城市排水和城市排涝设计提供了科学的技术支撑,对减轻和防御城市暴雨灾害损失发挥着重要作用。到 2018 年底,湖北省所有市州(直管市、神农架林区)均已经完成城市暴雨强度公式修订工作,部分区县也已完成本地城市暴雨强度公式的修订。

5.3.4 暴雨灾害应急预案

暴雨灾害是湖北省主要气象灾害之一,因其降水强度大,骤发性强,时空分布不均匀,往往给工农业生产和人民生活造成重大影响和严重损失。因此,制定包括暴雨灾害在内的气象灾害应急预案,科学防御暴雨灾害,最大限度减轻暴雨灾害损失十分必要。

2010 年 4 月 22 日,湖北省人民政府第 52 次常务会议审议通过《湖北省气象灾害应急预案》(以下简称《预案》),2010 年 12 月 21 日,湖北省人民政府办公厅发布了《预案》(鄂政办发〔2010〕67 号)。《预案》包含总则、组织体系及工作职责、预防与应急准备、监测预警、应急处置、后期处置、应急保障、表彰奖励与责任追究以及附则等九个部分,对以分管副省长为指挥长、省政府分管副秘书长和省气象局局长为副指挥长的湖北省气象灾害应急指挥部和所涉及的 30 多个省委省政府相关部门、省直有关单位、省军区和武警部队、相关行业均做出了具体部署,同时对市、州、县政府提出了明确要求。《预案》的出台,进一步建立健全了气象灾害应急机制。表 5.5 给出了暴雨灾害应急启动条件。

表 5.5　湖北省暴雨灾害应急启动条件表

应急级别	颜色级别	应急启动条件
Ⅰ级(特别重大)	红色	过去 48 小时 10 个以上县市区出现 250 毫米以上降水,预计未来 24 小时上述地区仍将出现暴雨天气
Ⅱ级(重大)	橙色	过去 48 小时 10 个以上县市区出现 200 毫米以上降水,预计未来 24 小时上述地区仍将出现暴雨天气
Ⅲ级(较大)	黄色	过去 24 小时 15 个以上县市区出现 100 毫米以上降水,预计未来 24 小时上述地区仍将出现暴雨天气
Ⅳ级(一般)	蓝色	预计未来 24 小时 15 个以上县市区将出现 50 毫米以上降水,且有成片的大暴雨

5.3.5　暴雨灾害防御法规

　　气象灾害防御是基础性社会公益事业,其防御工作必须坚持政府主导、部门联动、社会参与、科学防御的原则。为加强气象灾害防御科学性和规范性,2011 年 12 月 1 日,湖北省第十一届人大常委会第 27 次会议审议通过了地方性法规《湖北省气象灾害防御条例》(以下简称《条例》),《条例》分总则、灾害防御、灾害监测与预报预警、灾害应急、灾害防御保障、法律责任、附则 7 章 41 条,自 2012 年 2 月 1 日正式实施。

　　《条例》所指的气象灾害包括暴雨(雪)、干旱、大雾、霾、雷电、大风、低温、高温、冰雹、霜冻、寒潮和台风等湖北省可能出现的气象灾害共计 13 种。

　　为有效实施《条例》,提高气象灾害防范和应对能力,2014 年 3 月 31 日,湖北省人民政府常务会议审议通过了《湖北省气象灾害防御实施办法》(以下简称《办法》),2014 年 4 月 18 日由时任省长王国生以湖北省人民政府第 372 号令发布,2014 年 7 月 1 日正式实施。《办法》是继 2012 年《湖北省气象灾害防御条例》施行之后,湖北又一部专门规范气象灾害防御活动的省政府规章。《办法》共二十五条,进一步细化了气象监测设施统一规划、气象灾害信息统一汇交共享、气象灾害应急预案编制、应急避难场所和防灾避险提示、气象预警信息接收传播、气象灾害应急处置等方面的规定。

第 6 章

湖北暴雨资源利用及灾害防御再认识

全球气候变暖导致极端暴雨事件频发,由此引发的灾害损失也越来越严重。新时代湖北暴雨资源利用不仅需要新的理念,还需要构建技术体系和法律法规保障体系。对于暴雨灾害的防御,不仅需要工程性措施,更需要非工程性措施。

6.1 湖北暴雨资源利用对策

6.1.1 提高认识,转变暴雨资源利用理念

利用暴雨资源绝不是简单地把水留住,而是一项复杂的系统工程,它涉及方方面面的工作,因此,要提高对暴雨资源的认识,把暴雨作为一种资源来考虑。

水资源总量是指当地降水所形成的地表水和地下水量总和(扣除地表水和地下水资源重复计算量),即地表径流量和降水入渗补给量之和,不包括过境水量。水资源属可再生资源,其总量是不会增加的。湖北现有的水资源已远不能满足经济社会发展。因此,必须进一步转变治水理念,一切从实际出发,切实增强系统意识、风险意识和资源意识,从试图完全消除暴雨洪水灾害、入海为安转变为承受适度的风险,综合运用各种措施,确保标准内防洪安全,同时尽最大可能变害为利,充分利用好暴雨资源(崔文秀,2005)。

在《21 世纪中国可持续发展水资源战略研究》的综合报告中谈到,人与洪水的关系经历了三个阶段,即农业社会是局部斗争,被动防守;工业社会是全面治理,主动控制;而现代科技时代则是与洪水协调共处的时代。通过实践,人们逐步认识到,要完全消除暴雨洪灾是不可能的,人类必须在防洪中将其灾害减至最小的同时,学会与暴雨洪水共处。人类既要适当控制暴雨洪水,改造自然;又必须主动适应洪水,协调人与暴雨洪水的关系,这样才能保证人类自身的可持续发展,人们必须约束自己的各种不顾后果、破坏生态环境和过度开发利用土地的行为,从无序、无节制地与暴雨洪水争地转变

为有序、可持续地与洪水协调共处(胥卫平 等,2009)。

过去,治水观念是单纯"抗水",而缺乏"管水"和"用水"观念,让大量宝贵的暴雨洪水白白流入大海,随后又形成干旱和缺水。人水和谐的治水理念以及当今水资源短缺、水环境恶化的现实,要求加大暴雨洪水资源的利用,从单纯抗拒暴雨洪水转变为在防洪抗洪的同时,要给洪水出路;从单纯防洪工程体系转变为工程与非工程防洪措施相结合,建立全社会共同参与的防洪减灾体系;从单纯防洪减灾转变为在考虑防洪减灾的同时,充分利用暴雨资源,更多地为人类造福。要努力实现人与水的和谐相处,在确保防洪安全的前提下,实行暴雨洪水的风险管理、动态管理,使更多的暴雨洪水成为可利用的水资源,有效开发利用暴雨资源。要优化调度方案,进行风险调度和综合利用,变单纯的洪水"泄蓄"调度为洪水和资源结合调度,变汛期调度为全年调度,变水量调度为水量与水质统一调度,充分发挥闸坝等水利工程在水资源保护方面的作用,做到以动治静、以丰补枯,把多余的暴雨水安全送走,把需要的水及时留住,提高暴雨洪水利用份额,努力实现暴雨洪水资源化,使人和水在科学管理中达到谨慎的和谐(刘林霞,2005)。

6.1.2　优化配置,科学引蓄暴雨资源

湖北是水资源大省,而暴雨则是湖北最大水资源来源。科学引蓄暴雨资源、充分利用好暴雨资源,成为支撑湖北经济社会发展的最重要抓手。

(1)跨流域调控利用暴雨资源。跨流域调水主要通过建设长距离调水工程或将流域间的水道沟通,来实现对暴雨资源的重新分配和利用。如"南北水调"工程、"引江济汉"工程。另外,利用现有水系河网统一的调度,也可以进行暴雨资源的调配(闫轲 等,2011)。

(2)利用动态汛限水位调控暴雨资源。动态汛限水位的应用是对传统固定汛限水位的改进,可以减少水库汛期弃水量,实现洪水资源的利用。湖北省及长江上游地区暴雨特性和量级大小在整个汛期内的不同时段有所不同,可以利用暴雨洪水的季节性变化特征确定汛期分期,利用分期汛限水位调控暴雨资源(闫轲 等,2011)。对于工程质量较好、防洪标准较高、水情测报比较准确及时的水库,在不改变原有功能,不降低库水位及下游防洪标准、不改变设计洪水、不新建防洪工程、不新增水库移民的原则下,实行汛期浮动水位,掌握实际库水位高于汛限水位1~2米,当有暴雨来临时提前泄水腾出库容到规定的汛限水位。同时,不失时机地抓住蓄汛期最后场次暴雨蓄水。三峡水库就是在既能充分保证防洪安全又可以适当利用洪水资源

的前提下,前汛期、主汛期、后汛期等不同时段定出各个分期的汛限水位,对不同的水位采取不同的泄、蓄水措施,以保障三峡水库的库容。

(3)将暴雨资源向地下水回灌(闫轲 等,2011)。将暴雨雨洪储存于地下,是国外对雨洪资源利用的首选方式。进行暴雨资源回灌于地下,有改善地下水环境、补充地下水量的作用。回灌地下的暴雨资源可以使地下水位上升,消减由于地下水超采形成的地下水漏斗,缓解地面沉降,恢复湿地。

蓄滞洪区主动分洪可以起到回补地下水的作用。自然状态下河流对沿岸地区的淹没就是对地下水回补的过程,但现在河流两岸大多有堤防束缚,河水漫滩的情况很少出现,同时堤防外地下水的不断开采造成了地下水的短缺。有规划地开放蓄滞洪区主动分洪,对补充地下水、恢复沿河湿地生态有积极的作用。

(4)利用地下水库调蓄暴雨。地下水库是利用地壳内的天然储水空间储存水资源的一种地下水开发工程。所谓天然储水空间就是天然含水层,包括坚硬岩石和松散堆积物中的空隙、孔隙、裂隙、溶洞等。这些天然含水层在地壳内外动力地质作用下形成了很多储水构造,如冲洪积扇、冲积平原、洪积锥、岩溶储水构造、岩石裂隙储水构造、断裂带储水构造等,以及一些复合类型和过渡类型。这些储水构造无论充水与否都构成了巨大的储水空间,被水文地质学家称为天然地下水库。地下水库的组成应包括由天然储水构造组成的地下水库库区、拦截地下径流的地下坝(在边界完整的储水构造也可不建地下拦水坝)、地表拦水和引渗工程、地下水开采工程,构成了拦水—引水—储水—提水的统一体,还有一些辅助工程,如地表排污工程、管理监测系统等。这些主体工程和辅助工程共同组成了地下水库工程系统。利用地下水库尤其地下水开采漏斗,将暴雨洪水引入进行补给,既增加了含水层的补给,又减缓了暴雨洪水压力(汤喜春,2005)。

(5)完善防洪减灾体系,贯彻"蓄泄兼筹,以泄为主,提高综合防洪能力"的治理方针。应抓紧完成长江一、二类堤防、汉江一类堤防的建设,继续进行荆江分蓄洪区、洪湖分蓄洪区、杜家台分蓄洪区、武汉附近分蓄洪区、邓小两湖分蓄洪区、华阳河分蓄洪区的配套建设和安全建设。开展河道整治,平垸行洪、河湖清淤,使重点河段的河势变化得以基本控制和改善。应对病险水库采取分级负责的原则,实施除险加固,使其达到防洪设计标准。应加快城市防洪工程建设,形成完整的城市防洪保护圈,完善城市排涝体系,为城市和经济开发区建设的顺利进行提供可靠的保障(严立冬,2001)。

6.1.3　因地制宜,科学利用暴雨资源

坚持人水和谐的治水理念。统筹全省雨洪资源,统筹生产用水、生活用水、生态用水和自然耗水,科学编制全省水资源综合利用规划。根据水资源分布状况和水资源承载能力,坚持以需定供,合理调整经济结构和布局,分流域、分区域合理确定经济发展模式和规模。在水资源相对丰富的江汉平原,循环利用水资源,建设农业、工业等产业基地,形成产业链,发挥龙头经济作用;在水资源比较缺乏的鄂北地区和丘陵地带,合理调度水利工程,大力发展节水型和清洁型经济;在高山地区,开发水能资源,大力发展农村水电。

(1)城市暴雨资源利用。城市暴雨导致内涝,成为愈来愈令人头疼的现代城市灾害问题。对城市暴雨采用拦、蓄、用、排的有机结合的方式,实现暴雨资源的综合利用,有助于解决城市水资源短缺问题,减少城市内涝灾害。同时,还有助于改善城市排水系统,改善生态环境,实现水资源的可持续利用。一是排水系统采用雨污分流制。鉴于雨污合排的种种弊端,采用雨污分流是值得大力推广的。采用雨污分流的排水系统,可以利用雨水下渗管道,沿线补给地下含水层,也可将雨水引到适当的地点集中入渗补给含水层或直接加以利用。二是增加城市透水面积。采用多孔沥青或多孔混凝土路面,在人行道、广场或休闲区铺设草皮砖,增加城市绿化面积,立法规定建设区内的最低可渗面积率等,使得雨水可以快速入渗进入地下含水层。三是广泛利用城市低洼地。对于降雨时间集中的地方,为了避免道路积水和暴雨径流的增加,需要在短时间内将雨水暂时蓄存起来。这就需要利用城市低洼地,将雨水暂时收集起来。为了能使这些低洼地尽可能多地贮留汛期暴雨,在规划设计时应尽可能进行综合考虑,使这些场所在雨期与无雨期的功用发挥到最优。此外,有条件的区域也可以利用低地的浅层含水层蓄存暴雨(汤喜春,2005)。

(2)平原地区暴雨资源利用。平原地区人口稠密且经济社会发达,一旦遭遇暴雨洪水,损失相对严重。因此,在确保防洪安全的前提下,利用现有的水利工程开展多种措施,并配合与区域相适应的洪水资源利用策略,以达到变害为利的目的。此外,利用蓄滞洪区实现暴雨洪水资源利用,应从机制研究、政策和法规保障等方面不断推进(刘欢,2014)。

(3)山区和干旱区暴雨资源利用。山区和干旱区集雨工程主要包括水窖、水池和小型塘坝,比较普及的是水窖,这对于加快农村产业结构调整、促

进农村经济的发展有积极作用。山区的缺水属于工程型缺水,增加可利用水量和可供水量是解决山区缺水的方法和途径。以小微型供水工程为主,以化整为零的方式解决山区和干旱区整体性干旱缺水。山区大量种植水源涵养林,在河流源头起到涵养水源、减少泥沙入库等作用。此外,还可利用山区和干旱区有利的地层结构修建地下水库,利用地层中的天然储水空间储存水资源(刘欢,2014)。全面修建以小水库、小水塘、小水池、小水窖、小泵站为主的"五小"设施,集蓄天然降雨,发展集雨节灌。

(4)农村地区暴雨资源利用。农村村庄、道路、庭院土质坚硬,降水入渗慢,易形成大量径流,是造成沟岸扩张、地貌切割的重要水源。由于特殊的硬地面条件,暴雨径流利用具有得天独厚的优势,应在村级道旁修建蓄水坑,种植用材林和果树,实现暴雨径流的部分转化利用。在村道大面积径流汇集处,修建若干个蓄水涝池及水窖群,集存暴雨径流,作为水源短缺时的调节水调用。在道路旁利用路旁两侧的涵洞,修建砼引水渠,将道路路面汇集的雨水径流引入附近农田旁的水窖中存贮,以补灌经济作物、大棚和节能日光温室蔬菜等,从而使村庄、道路、庭院暴雨来临时的降水能最大限度地得到有效利用(王小平 等,2005)。

6.1.4　完善保障,构筑暴雨资源利用体系

(1)构筑暴雨资源利用工程体系。湖北已修建了大量的拦蓄引调水利工程,初步构建暴雨雨洪资源利用工程体系,但是侧重在点(水库)、线(河道、渠道)上,而流域与流域之间、山区与平原之间、水库与水库之间、河道与河道之间、渠道与渠道之间、机井与机井之间,没有形成完整的水循环网络体系,互补性、关联性差,因此必须加大投入,在继续开展水土保持、暴雨雨洪集蓄利用工程的同时,根据自然地形特点,对大中型水库、主要河道、大型灌区、平原机井、城镇建设进行统一规划,拦、蓄、排、调工程相结合,大力兴建串、联、调、配工程,通过渠道、管道、闸涵将其构筑成洪水资源科学利用工程体系,实现"蓄得住、调得出、引得进、用得上"的暴雨资源利用目的(崔文秀,2005)。

(2)构建暴雨资源利用科技保障体系。一是建立暴雨洪水预报系统。洪水的突发性决定洪水资源利用必须建立在超前、准确、快速、可靠的暴雨洪水预报基础上,只有超前掌握了暴雨洪水发生的时间、区域、过程及总量,才能有针对性地采取措施,在保证防洪工程安全的前提下,通过优化调度,最大限度地利用暴雨雨洪资源。因此,加大投资力度,建立健全气象、水文

暴雨洪水预测预报系统是做好暴雨雨洪资源利用的前提条件。二是建立信息采集系统。根据流域的特点,必须建立控制整个流域的雨量点和测流站,实时掌握降雨情况和汇流情况。对防洪工程的重要部位、地段及隐患部位,建立工程监控系统,适时掌握工程的运行情况。对暴雨洪水影响的范围、受灾的程度、损失的大小,及时收集、整理,反馈上报,建立灾情信息系统。三是建立洪水调度风险系统。从暴雨洪水资源安全利用的角度出发,对水库防洪蓄水效益和河道引洪回补地下水所产生的防洪风险及后果进行综合评价,研究解决调度方案实施过程中可能遇到的风险问题。因此,建立洪水资源利用调度风险系统,在保证安全的前提下,适度承担风险,在充分利用洪水资源的同时尽量减少由于洪水调度可能带来的灾害,以期获得最佳的暴雨资源安全利用效益。四是建立决策指挥系统。在汛期利用卫星云图、雷达技术、遥测技术实时监测重点地区的暴雨范围和强度,利用水文自动测报系统和水情信息采集系统,及时采集雨情、水情信息,开展时段面雨量和洪水滚动定量预报,不仅缩短了分析计算的时间,而且提高了预报精度,延长了预报期。建立异地、同时、同步会商系统,做到信息共享,缩短决策时间,提高决策效率(崔文秀,2005)。

(3)建立暴雨资源利用管理、社会保障体系。一是建立规范的管理体系。强化政府的有效管理,各级领导高度负责、靠前指挥,各职能部门密切配合、通力合作,各有关单位顾全大局,团结协作,齐抓共管,发扬团结互助精神,逐步建立风险共担、利益共享的合作机制,坚持以人为本、科学防控的原则,一切从实际出发,科学有效地利用暴雨雨洪资源。二是建立有效的社会保障体系。暴雨资源的利用在一定程度上具有风险性,面对风险,要以法律、法规、经济、行政等手段来加强管理,在完善各项救助政策的同时,积极探索并建立有效的社会保障体系,不断完善投入机制,逐步推行暴雨洪水保险机制,建立暴雨雨洪资源利用管理基金,充分利用社会的力量来分散洪水风险,实现利益共享,风险共担,以有效的社会化保障体系增强抗御洪水灾害的能力(崔文秀,2005)。

(4)建立化汛期暴雨灾害为可利用水资源机制。湖北汛期暴雨与天气系统活动关系极为密切,可在科学研究、准确分析的基础上,在受影响的天气系统的上游地区实施人工影响云雨工程,把空中丰沛水分降落在不致成灾或需要雨水的地区,化天气系统下游地区潜在的洪涝灾害为宝贵的可利用水资源(李曾中 等,2002)。

(5)建立减缓水资源供需矛盾机制。目前,湖北省有占总数量达 45%的大中型引提水的工程失修、设备老化等原因使工程能力下降,不能正常发挥效益;部分水库尚未达到设计标准;灌区渠系建筑物损坏,渠道水量渗漏很大,引水渠利用率仅为 50%;城市供水网漏损现象普遍存在。节水、惜水意识淡薄。农业仍采用大水漫灌;工业水重复利用率低;城市生活用水由于价格不合理,浪费依然严重。针对这些弊端,在农业方面,可以通过征收水资源费、水费,实施用水定额分配,大力推广节水型农业技术灌溉,提高渠系利用率,大幅度节约用水,特别要在鄂北岗地缺水地区大力推广高效节水农业;在工业方面,在各行各业推广用水标准定额,提高水费,鼓励节约用水和清洁生产,提高水资源重复利用率和降低单位产品的用水量;在城市生活用水方面,在用水中逐步加收污水治理费,同时大力宣传,提高公众的水资源意识(张红梅,2012)。

(6)加强水生态环境建设与保护。水土保持是生态环境建设的主体。防治水土流失,要坚持"预防为主,全面规划,综合防治,因地制宜,加强管理,注重效益"的治理方针,坚持实施分区防治战略,划定水土保持重点预防保护区、重点监督区和重点治理区,依法公告,明确重点。发挥各方面的积极性,努力形成全省上下共同治理水土流失的新格局,达到经济效益、社会效益和环境效益的统一。水环境是国民经济建设和社会发展的重要制约因素,保护水环境就是保护生产力。要开展水功能区划工作,设置水源保护区,建立健全水质监测站网及地下水监测站网,加强水质监测,加强对排污口的管理,实施水域纳污总量控制,力争使集中饮用水水源地水质达到国家规定的标准,逐步改善河湖生态环境,实现水资源和水生态系统的良性循环。要进一步加强对城市废污水排放的管理,建立健全水质监测系统,结合水文现代化自动监测系统,实现水质监测信息的自动采集、自动传输和自动处理。对产生新污染源的项目要严格把关,按国务院要求对污染严重的企业应吊销取水许可证,实行关、停、并、转(严立冬,2001)。

(7)完善水环境保护法律法规。水环境保护法规是进行水环境保护、依法治水、依法管水的基础。水环境保护标准是对水环境质量和水污染物排放所做的硬性规定,是水环境管理和执法的技术依据。通过制定和实施水环境标准,促使排污者达标排放,从而达到保护和改善水环境的目的。针对未来湖北省经济与社会的持续发展,对湖北省的河、湖、水库和地下水资源制定综合统一的开发利用和保护规划,并明确规定各水政部门的权限,把水资源的开发利用统一管理起来,对各种水资源实行优化调度,合理调配,并充分采用法律和经济的手段,使水资源在工业、城市发展、水力发电、渔业、运输、娱乐和维持生态等方面的综合效益最优化(刘星宇,2016)。

6.2　湖北暴雨灾害防御对策

随着气候变化和极端天气气候事件的增多,暴雨灾害的发生也呈增多趋势,对湖北省经济社会发展造成的危害越来越大。为应对暴雨灾害,将灾害损失降至最低,应采取有效的手段和对策措施。

6.2.1　湖北暴雨灾害工程性防御对策

6.2.1.1　加强暴雨灾害风险管理,完善防洪除涝减灾体系[①]

(1)加强湖北境内大江大河大湖骨干工程建设。

加强长江、汉江干流重点河段防洪工程建设。根据流域防洪与江湖变化的新关系,实施湖北省内长江河道河势控制及岸坡影响处理工程。加快汉江重点河段防洪工程建设,完善汉江防洪工程体系,加快推进汉江堤防加固工程、汉江干流河道治理工程(含东荆河),实施堤防加高培厚、河道疏浚、河势控制工程,并对洲滩民垸进行整治等,全面提高汉江干流防洪能力。

加快推进蓄滞洪区建设。考虑三峡工程及上游控制性水库建成后长江中下游防洪形势的变化,按照分蓄洪区启用几率和保护对象的重要性,有序推进分蓄洪区建设,重点完成洪湖分蓄洪区东分块蓄洪和安全建设工程、杜家台分蓄洪区蓄洪和安全建设工程(含新建竹林湖泵站)、荆江分洪区近期重点项目工程和安置房综合改造工程;加快实施华阳河分蓄洪区西隔堤加固工程及安全区建设工程;启动西凉湖、荆江分蓄洪区蓄洪工程及安全建设工程建设;推进邓家湖、小江湖分蓄洪民垸等安全建设工程等。

加强重点湖泊治理。对涝灾比较突出的四湖流域(含洪湖、长湖)、梁子湖、斧头湖等重点湖泊实施综合整治。通过退垸还湖、湖堤整治、湖泊分蓄洪区建设、新增外排能力和疏浚排渠等措施,统筹解决区域防洪排涝问题,提高湖泊防洪标准。

---

① 引自(湖北省人民政府,2016)

(2)继续实施中小河流治理及病险水库除险加固。

加快推进重要支流治理。大力推进流域面积 3000 平方千米以上重要支流工程建设,使治理河段基本达到防洪标准。力争完成唐白河干流湖北段防洪治理二期工程、荆南四河堤防加固工程、沮漳河、府澴河、汉北河等重要支流防洪治理工程。加快实施洞庭湖区四口水系综合整治工程,重点推进洞庭湖四口洪道疏浚及水资源配置工程等。

继续实施中小河流治理。进一步扩大流域面积 200～3000 平方千米中小河流治理范围,在完成原有规划任务的基础上,争取再新增治理一批中小河流,通过堤防整治、河道清淤、护岸护坡等工程措施,使中小河流治理河段防洪标准得到明显提高,生态环境得到明显改善。

继续实施病险水库除险加固。继续推进王英、南川等新出险大中型病险水库除险加固,加快实施新出险小型病险水库除险加固。

(3)推进山洪灾害防治。

按照"以防为主、防治结合"的原则,以小流域为单元,加快推进 74 个县(市、区)的山洪灾害防治重点区域建设。实施重点地区山洪沟防洪治理工程,继续完善山洪灾害防治非工程措施,持续开展群测群防体系建设,提高群众主动防灾避险意识和能力,加快建成非工程措施与工程措施相结合的山洪灾害综合防治体系。

(4)提高城市防洪除涝能力。

提高城市泄洪排水能力。加强对大中城市河湖、湿地、坑塘等自然水体形态的保护和恢复,因势利导改造渠化河道,恢复保持河湖水系自然连通,构建城市良性水循环系统,保障城市排水出路畅通。

加快城市防洪除涝设施建设。综合考虑河湖调节、滞蓄、外排等综合措施,完善堤防、涵闸、泵站、蓄滞洪区等城市水利基础设施网络,加快雨污分流管网改造,加大河湖综合治理力度,增强雨洪调蓄能力,着力解决城市内涝问题。

推进海绵城市建设。以城市河湖水系和水利工程为依托,协同其他市政建设措施,加强对城市河湖、湿地、沟渠、蓄洪洼淀等自然水域岸线用途管制,完善城市吸水、蓄水、排水、净水和释水功能,增强城市水安全保障能力。

6.2.1.2　加强生态建设,完善生态保护体系

(1)加快重点湖泊水生态保护与治理。以城中和城郊湖泊河流湿地水生态保护与修复为主线,重点对东湖、洋澜湖等湖泊实施截污控污、内面源

治理、水网构建、生态护岸工程,改善人居环境,提升城市品质。以江汉平原区为主要治理面,以网湖、汤逊湖、童家湖、野猪湖、赤东湖等生态脆弱湖泊为着力点,统筹实施江汉平原湖泊湿地水生态保护与修复。加强湖泊休养生息,在曹家湖、垱网湖、白鹭湖、大洲湖等湖区开展退田还湖还湿试点,通过搬迁人口、拆除圩堤、清淤土方等措施,恢复湖面水域面积,改善湖泊健康状况(彭广 等,2003)。

(2)推进江河湖库水系连通工程建设。创新江河湖库治理模式,统筹考虑水灾害、水污染、水生态、水环境等问题,加快推进襄阳市襄水河流域水系连通及生态治理工程、王英富水水资源优化配置工程、竹溪县鄂坪调水工程等江河湖库水系连通工程建设,综合运用河湖清淤、水系连通、生态调度等措施,提高全省水资源调控水平,增强供水保障能力和防御水旱灾害能力,促进全省水生态文明建设(彭广 等,2003)。

(3)保护和改善生态环境。水患问题与生态息息相关,而生态问题的关键在于森林(柳红 等,2015)。森林可涵养水分,保持土壤不遭雨水冲刷。森林减少之后,其涵养水分的功能减退,一旦大雨来临,大量雨水直下江河,造成江河水位暴涨。同时,森林减少易造成水土流失,泥沙沿河而下,在水势趋缓之后开始淤积而抬高河床,缩小湖面,使行水、蓄水能力变差,防洪能力降低,抵御灾害的空间缩小。因此,应大力植树造林,退耕还林,封山育林,改善江、河、湖的生态环境,减少水土流失,维护生态平衡。

(4)推进绿色水能资源开发。在统一规划的基础上,统筹兼顾上下游、左右岸及有关地区之间的利益和防洪、饮水、灌溉、航运、渔业等方面的需求,在保证生态安全、供水安全前提下,充分挖掘水能资源利用潜力,提高水能资源利用效率。重点推进汉江、清江、漻水及其他中小河流水能资源开发(彭广 等,2003)。

6.2.1.3　建立暴雨灾害应急避难场所

因所处的不同自然与经济社会情况,不同区域会面对不同程度的暴雨灾害,因此暴雨灾害防御工程建设应结合区域和城市建设发展规划,根据人口分布和城市布局,充分利用城市中心区或人员密集区的学校、大型公共服务设施和大型绿地等场所,建设具备应急指挥、应急避难、医疗救治等功能的应急避难场所。在农村暴雨灾害易发区,结合乡村布局、人口分布和暴雨灾害隐患分布情况,依托现有学校、体育场等公共场所,新建或改扩建乡村应急避难场所(彭莹辉,2017)。

6.2.2 湖北暴雨灾害非工程性防御对策

6.2.2.1 完善暴雨灾害风险防御体系

(1)完善暴雨灾害预警发布系统建设。暴雨灾害预警是提高全社会防御能力的最有效手段,已受到各级政府重视和全社会高度关注。目前,湖北省国家突发公共事件预警信息发布管理平台已发挥了很重要的作用,但是省级以下突发公共事件预警信息发布管理平台建设任务还非常艰巨,完善包括暴雨在内的气象灾害预警发布系统建设,还需要从以下方面加以推进:一是推进省级以下预警信息发布平台建设。按照统一标准,加快推进省、市、县级预警信息发布平台建设,并实现与各级相关突发公共事件应急指挥平台的连接,实现多部门突发事件预警信息的统一收集、管理和发布。按照智能化的要求实现自动优选发布,既应避免多级重复预警,又应避免大撒网式的无效发布。二是建立预警信息基本公共发布传播手段。政府部门必须建立预警信息基本公共发布传播手段,或者通过政府购买形式向一些传播媒体载体购买承担预警信息的基本传播任务,以保证预警信息的及时传播和全民覆盖,以免造成本可避免的灾害损失。三是完善预警信息发布流程和技术标准。在信息化高度发达的今天,必须加快完善预警信息发布流程和技术标准,形成全省统一的技术标准,以实现预警信息规范、快速、有效、安全的全覆盖发布和传播,特别应实现面向各级政府领导、应急联动部门、应急责任人和媒体的突发公共事件预警信息 100%覆盖,确保有关部门和社会公众能够及时获取预警信息,公众在系统发出预警信息后 10 分钟之内接收到预警信息,为有效应对暴雨灾害、提升各级政府应急管理水平提供强力支撑(彭莹辉,2017)。

(2)加强暴雨灾害影响评估。灾情评估是气象灾害预警系统的重要环节,是拟定减灾、抗灾和紧急救援对策的定量依据(崔讲学,2009)。在完善各部门灾情收集、评估系统的基础上,建立由各部门联合组成的湖北省统一的暴雨灾害灾情收集、综合和评估系统,早日建立湖北省统一的暴雨灾害数据库。这个数据库以气象、水文、生态环境、自然资源、遥感遥测等资料为基础,建立一套客观定量的灾情评价指标,对各类洪涝、暴雨事件进行评估,再结合实地考察、调查统计,从而建立湖北省暴雨灾害的综合信息处理和灾情评估系统。暴雨灾害的影响评估系统包括以下三部分(李崇银 等,2009)。

一是灾前预评估。首先根据短期气候预测或中期(3—10 天)天气预报和短期(12—72 小时)灾害性天气预报的预测结果,运用科学合理的方法,定性或定量地预估某一地区暴雨灾害可能发生的强度、范围及可能造成的灾害损失,并根据所预估的暴雨灾害可能发生的范围、强度、影响程度等决定是否向省政府(甚至国家有关部委)或有关部门提供决策参考或咨询,必要时可向社会公众发布暴雨灾害预警。这种灾前预评估工作可为防灾减灾的物资准备、人员动员提供决策参考和咨询,从而可大大提高突发暴雨灾害的应急处理能力,减轻其所造成的损失。

二是灾中跟踪评估。因暴雨灾害的发生具有突发性,造成的损失和人员伤亡都在很短时间内发生,因此,暴雨洪涝发生时,应及时地对灾情进行快速评估。首先应利用气象和水文的观测系统,跟踪灾害的发展,确定成灾地点和范围、灾情的强度和特征等,并根据灾情发生的范围和强度,区别不同程度向湖北省有关部门(甚至国家有关部委)或有关地区提供决策依据和参考,同时尽可能地向社会公众发布灾害评估信息,以便民众参与减灾行动。

三是灾后评估。由于暴雨灾害造成的经济损失和人员伤亡是严重的,因此,当暴雨灾害发生后,首先应根据灾害发生的强度、范围、持续时间及受灾地区的经济、社会、人口等变动或损失情况,并结合实地调查,统计灾害造成的经济损失和人员伤亡情况,并在客观、定量核实灾情后,上报湖北省有关部门甚至国家有关部委,为灾后重建和国家救灾提供科学依据。

暴雨灾害的影响评估是一项重要而复杂的工作,涵盖了多领域、多部门、多地区,因此,必须全面推进暴雨灾害的信息数据共享,实现各部门、各地区间灾害信息资源的共享,发挥群体优势,进一步提高湖北省统一的暴雨灾害分析评估水平。

(3)完善暴雨灾害应急预案。应急是防御暴雨等气象灾害的末端,是气象灾害即将或正在发生时的紧急处置状态。如果没有提前做好应急预案,则可能造成临时的非理性决策,不仅可能造成应急指挥混乱,还可能导致工作被动而造成本可避免的损失。因此,做好应急预案对有效防御和减轻暴雨危害非常重要,它已经成为各级政府、各部门和各单位防御暴雨灾害的重要措施。目前,湖北省仅有《气象灾害防御应急预案》,还没有暴雨灾害的专项预案,应严格执行应急预案编制和修订程序,将风险分析、部门合作、资源调查、评审发布、普及宣传等环节纳入新预案编制和旧预案修订的法定程序,制定出台《湖北省暴雨灾害应急专项预案》,提高暴雨灾害应急预案的针对性、实用性和可操作性,逐步实现基层暴雨灾害应急预案的简化、实化、流程化、图解化。随后,应对暴雨灾害应急预案进行动态修订和完善,每年针对当年暴雨灾害应急工作开展情况,组织对暴雨灾害应急预案进行审查,对不适用的规定应当进行调整,对适用有效的措施应当增加,使暴雨灾害应急预案基本实现实用化和常态化。同时,应组织应急预案培训及演练。各地各单位应组织开展实施暴雨灾害应急预案宣传教育和培训,建立健全应急预案演练制度,制定演练计划,原则上每年组织一次应急预案演练,并对演练情况及效果进行分析,通过演练检验和发现应急预案存在的问题,进一步完善应急预案(彭莹辉,2017)。另外,要完善防洪和排涝应急预案,加强城市内涝和洪水风险管理,增强人们防灾避灾意识,最大限度减轻灾害损失。

6.2.2.2　完善暴雨灾害防御技术服务体系

(1)进一步完善暴雨灾害监测体系。暴雨监测是暴雨灾害预报的基础,其过程降水总量、24 小时降水量甚至 6 小时、1 小时降水量的大小都备受关注。随着科学技术的迅猛发展,大气监测手段呈现出多元化的趋势,已建立起了包括地基、天基和空基在内的气象探测网络,使观测数据的时空覆盖率大大增加,实时性显著提高,从而使暴雨的监测能力得到了很大改善(丁一汇 等,2009)。但有些设备设施已经老化面临更新,一些新技术装备需要重新布置,一些区域(地方)按要求还需要增加布点等,因此,应进一步完善暴雨监测体系,加强对暴雨的实时监测,提高暴雨灾害监测能力和水平。

(2)努力提高暴雨预报和汛期的气候预测准确率。暴雨可以直接成灾,而持续性大暴雨或者连续的数场暴雨更可以造成洪涝灾害。因此,准确预报暴雨的地点、范围、强度等,以及准确预测洪涝灾害的发生,对于减轻暴雨灾害造成的损失至关重要(丁一汇 等,2009)。暴雨灾害的成因是多方面的,其直接原因是气候异常,雨水过大。要准确预测暴雨灾害的发生,就要对全球气候系统进行定量观测和综合分析。气候监测是进行洪涝等异常天气气候预测的基础,目前,已经对全球大气温度和降水、冰雪覆盖、海平面、大气化学气体等进行了长时间的监测和分析,并开始重视海洋和大气环流型变化以及极端天气和气候事件变化等问题,气候异常的监测是气候监测最主要的工作。所谓气候异常是指气候状态较大地偏离了正常状况。气候异常的监测需要与正常情况比较后才能确定其是否正常,通常正常值采用WMO(世界气象组织)规定的过去 30 年的平均值,目前基本上是用 1961—1990 年的平均值(彭广 等,2003)。在此基础上,努力提高暴雨预报以及汛期的气候预测准确率,准确预报暴雨的地点、范围、强度等,以及准确预测暴雨灾害的发生,对于更好地做好防灾准备工作(柳红 等,2015),为提前预警提供决策依据,把握主动,避免或减少人员伤亡、财产损失。

(3)强化洪水监测预报。为了实时监测水雨情和进行洪水预报,在现有水文监测点的基础上,在山丘等地区适当增加水文监测点,向各级防汛部门提供雨量、水位、流量、泥沙等信息,并组建成水雨情网。洪水预报是防洪抗灾指挥决策的重要科学依据之一,它是根据洪水形成和运动规律,利用过去和实时水文气象资料,对未来一定时段内洪水情况进行预测,包括最高洪峰水位(流量)、洪峰出现时间、洪水涨落过程、洪水总量等,发挥其对防洪减灾举足轻重的作用。

(4)着力加强暴雨预警系统建设。暴雨预警是应对暴雨洪水突发事件,加强防汛抗灾应急管理的首要环节和基础环节。要充分利用新一代天气雷达、卫星、闪电定位的监测手段,进一步完善数值天气预报系统,建立和完善以气象信息分析、加工处理为主体的暴雨预报预警系统,加强上下游联防,全面提高湖北省暴雨灾害预警服务能力和水平(丁一汇 等,2009)。

(5)加强对暴雨及暴雨灾害的研究。应进一步加强对湖北省暴雨及暴雨灾害的科学试验和研究,进一步对湖北省暴雨的天气、气候特征、形成原因及致灾机理等深入研究和分析,这对推动湖北省暴雨及暴雨灾害的监测、预测和预报预警具有十分重要的意义。

6.2.2.3　完善暴雨灾害防御保障体系

(1)建立更加有效的防洪减灾决策支持系统。近些年来相继开发出一些有一定科技含量的预报、调度、洪水分析系统。但随着科技的进步,经济社会环境的变化,使用的这些系统也要更新升级甚至重建。要进一步采用现代科学技术,按照系统工程的方法制定统一规定和技术标准,组建由气象、水文、水利、自然资源、应急管理、生态环境等部门参加的湖北省防汛抗洪综合信息处理系统,提高防汛抗洪决策的科学性、主动性。要加强洪水预报模型的研究,建立暴雨洪涝监测与业务预报系统,为各级决策提供及时、直观、详细的降水资料和重要水文参数分布实况及演变趋势,这对防汛抢险决策、防灾、救灾、水资源管理、水力发电调度等方面将具有重要的社会效益和经济效益。要进一步加强洪水调度系统建设,提高可视化程度。如尽快建立洪水淹没计算的模型,打开分蓄洪区后,洪水将淹没哪些地区,水深的沿程分配情况,经济损失有多大等等,就能合理的使用分蓄洪区,使洪水按照理想的路径走,将损失降到最低。还需要建立一套防汛物资的物流系统,使湖北省的防汛物资管理规范化,哪里发生了洪灾,所需要的防汛物资就可以从最近的地方最快的运达洪灾现场。通过对防洪减灾的科学研究,提高对洪涝灾害发生、发展、演变及时空规律的认识,及时更新防洪减灾的支持系统,促进现代化技术在防洪除涝体系建设中的应用,科学合理地实施减灾对策和协调灾害对发展的约束,发挥防洪减灾支持系统的最大作用。

(2)明确防洪重点。从湖北省的情况看,大江大河大湖大库周边保护范围的工业产值、城乡人口、基本农田、交通基础设施所占比例在全省总数的一半以上,其重要性决定了这些地方必须作为防洪保安的重点。暴雨山洪危害加重,防洪任务更为艰巨,而且暴雨山洪发生的山丘地方,水利工程设施标准低、布点少、抗灾能力弱,往往是暴雨一来即成灾。因此,在湖北的防洪重点上,应该进一步理清思路,将盯大抓小的措施落实到位,即在高度警惕和防范大江大河大湖大库暴雨洪水的同时,务必将中小河流防汛、中小水库保安、中小在建水电站安全管理、小滑坡区域避险保安作为重点,对这些"四小"要逐一落实防汛责任、应对预案、抢险队伍、应急物料、交通通信等基本保障措施,只有这样才能统筹防洪安全(孙又欣 等,2014)。

(3)加强暴雨灾害风险管理和洪水调度。推动暴雨灾害影响评价制度建设,城市建设、居民点和工矿企业选址要开展洪水灾害风险评估,科学安排风险区域生产和生活设施,合理避让、降低风险。根据城镇化发展情况,进一步修订防洪预案,完善不同洪水风险区域居民避洪安置方案,形成完备的防汛应急管理制度。组织制定山洪灾害防御方案,保障人民生命财产安全。做好洪泛区、蓄滞洪区内非防洪建设项目的暴雨灾害影响评价工作。编制完善主要江河防御洪水方案和洪水调度方案,以及重点防洪区域洪水风险图,明确洪水风险管理目标并强化相应措施,完善防洪减灾预案。强化汛情预测预报,健全预警发布服务体系。

(4)实行洪灾保险制度。洪灾保险是以经济手段推动洪泛区管理的一项工作,主要是蓄滞洪区所有机关、团体、企事业单位、个体经营者和居民,都要参加洪灾保险,按照参加者的财产拥有状况和所在地区的洪水危险程度,交纳一定的保险费,遇洪水灾害后可得到财产损失的赔偿费。洪灾保险对灾后迅速恢复生产和稳定社会秩序有着重要的作用。尤其是通过法定洪灾保险的经济手段,可达到有计划地控制洪泛区和蓄滞洪区土地的合理开发利用,从而可以达到减少灾害损失、维护社会安定的目的(彭广 等,2003)。

（5）健全暴雨灾害防御法规体系。目前，湖北省仅有《湖北省气象灾害防御条例》，包含了湖北省主要气象灾害的防御，对湖北省防御气象灾害起到了很好的作用，但对分灾种的规定比较原则，操作性不够，有待分灾种进一步细化，因此，应适时出台《湖北省暴雨灾害防御办法》之类的规定，增强其实用性和操作性。

（6）增强公众暴雨灾害防御意识。气象防灾减灾工作是一项长期的全民工程，有关部门要建立气象防灾减灾宣传教育长效机制，将减灾教育纳入公民义务教育体系之中，采取多种形式向社会进行广泛宣传教育。要增强公众暴雨灾害防灾避灾躲灾意识，充分利用各种宣传工具，突出大众化、科普化，达到提高减灾认识的目的。通过宣传教育，使暴雨灾害易发区、重发区公众增强防御意识，了解和熟悉暴雨灾害的成因和防御办法及措施，规范其行为，尽可能避免人为因素增大灾害的损失；熟悉暴雨预警信号和暴雨灾害发生时的转移路线和方案，以减少人员伤亡和财产损失。

参考文献

陈永权,李傲,2016.湖北准确率达88%[EB/OL].(2016-03-21)[2019-05-07].http://
  www.sohu.com/a/64637035_635873.

陈永权,张梦青,李傲,2014.湖北暴雨预报准确率17.6%[N].武汉晨报,2014-07-16.

崔讲学,2015.湖北省公共气象服务手册[M].北京:气象出版社.

崔讲学,2009.湖北省气象志(1979—2000)[M].北京:气象出版社.

崔讲学,2011.湖北省天气预报手册——暴雨预报[M].北京:气象出版社.

崔文秀,2005.浅谈雨洪资源利用[J].中国水利,(3):46-47.

丁一汇,张建云,2009.暴雨洪涝[M].北京:气象出版社.

高雅玉,田晋华,宋佳奇,2015.黄土高原半干旱区雨洪资源高效管理利用技术模式研究
  [J].中国水土保持,(12):64-67.

郭春丽,吕素冰,2009.雨洪资源利用的经济社会效益指标体系研究[J].价值工程,(6):
  13-16.

贺勇,2014.北京确保"南水"解渴又放心[N].人民日报海外版(北京),2014-04-01.

湖北省地方志编纂委员会办公室,2017.湖北年鉴2017[J].湖北年鉴,29:1-643.

湖北省发展和改革委员会,2017.湖北发展改革年鉴2017[M].武汉:湖北人民出
  版社.

湖北省人民政府办公厅,2018.湖北省情概况[EB/OL].(2018-08-17)[2019-05-07].
  http://www.hubei.gov.cn/2015change/2015sq/sa/gk/201808/t20180817_1331003_
  mob.shtml.

湖北省人民政府,2016.省人民政府关于印发湖北省水利发展"十三五"规划的通知[EB/
  OL].(2016-12-30)[2019-05-07]http://www.hubei.gov.cn/govfilelezf/201705/
  t20170519_1032903.shtml.

湖北省水利厅,2018.2017年湖北省水资源公报[EB/OL].(2018-08-30)[2019-05-17].
  http://slt.hubei.gov.cn/news/hotnews/201808/t20180830_118019.shtml,2018-
  08-30.

湖北省水利厅,2009.2008年湖北省水资源公报[EB/OL].(2019-11-05)[2019-05-07]
  http://www.hubeiwater.gov.cn/szy/Article.aspx?ID=26944.

姜海如,2006.气象社会学导论[M].北京:气象出版社.

李崇银,黄荣辉,丑纪范,等,2009.我国重大高影响天气气候灾害及对策研究[M].北京:气象出版社.

李泽红,汤尚颖,2004.湖北省水资源发展报告[J].经济研究参考,(77):38-48.

李曾中,程明虎,李月安,2002.利用人工降雨手段化汛期特大暴雨灾害为可利用水资源[J].灾害学,17(3):30-34.

梁淑芬等,1992.湖北省自然灾害及防御对策[M].武汉:湖北科学技术出版社.

刘欢,2014.雨洪资源化利用研究[J].南方农业,8(15):115-116.

刘静,王丽娟,代娟,2017.2016 年 6 月 30 日—7 月 6 日湖北省暴雨天气过程气象服务总结与启示[J].安徽农业科学,45(22):136-139.

刘可群,陈正洪,张礼平,等,2007.湖北省近 45 年降水气候变化及其对旱涝的影响[J].气象,33(11):58-64.

刘可群,陈正洪,周金莲,等,2010.湖北省近 50 年旱涝灾害变化及其驱动因素分析[J].华中农业大学学报,29(3):326-332.

刘林霞,2005.对湖北省雨洪资源合理开发利用的思考[C].武汉:湖北省科协第三届湖北科技论坛论文集:31.

刘星宇,2016.湖北省水资源现状分析[J].渔业致富指南,(3):19-22.

柳红,司志华,2015.淄川区暴雨风险区划与对策[J].安徽农业科学,43(26):198-201.

陆铭,孟英杰,2011.暴雨预报难在哪[N].中国气象报,2011-05-13.

马丽婷,李宛彧,2016.临夏州暴雨天气特征分析[J].现代农业科技,(21):187-188.

毛慧慧,李木山,2009.海河流域的雨洪资源利用[J].海河水利,(6):7-9.

农工党湖北省委员会,2014.关于做好湖北水文章的建议[J].世纪行,(1):19-19.

彭广,刘立成,刘敏,等,2003.洪涝[M].北京:气象出版社.

彭莹辉,2017.气象灾害非工程性防御研究[M].北京:气象出版社.

邵末兰,向纯怡,2009.湖北省主要气象灾害分类及其特征分析[J].暴雨灾害,28(2):179-185.

申曙光,1992.灾害生态经济研究[M].长沙:湖南教育出版社.

孙又欣,伍朝晖,2014.湖北省 2013 年梅雨新特点与启示[J].中国防汛抗旱,24(4):59-64.

汤喜春,2005.雨洪资源利用的必要性及其措施探讨[J].湖南水利水电,(5):71-73.

陶常宁,2018.《湖北省气候资源保护和利用条例》8 月 1 日起施行[EB/OL].(2018-06-28)[2019-05-07] http://hb.people.com.cn/n2/2018/0628/c194063-31751963.html.

王莉萍,王秀荣,王维国,2015.中国区域降水过程综合强度评估方法研究及应用[J].自然灾害学报,24(2):186-194.

王立彬,2015.明天,我们住什么样的城市—聚焦海绵城市建设[EB/OL].(2015-10-17)[2019-05-07]http://www.xinhuanet.com/politics/2015-10/17/c_128327284.htm.

王小玲,2006.对城市暴雨洪水利用有关问题的探讨[J].气象水文海洋仪器,(3):54-57.

王小平,董荣万,2005.定西半干旱区小流域暴雨资源无害化利用的探讨[J].甘肃农业科技,(6):19-21.

王银堂,胡庆芳,张书函,等,2009.流域雨洪资源利用评价及利用模式研究[J].中国水利,(15):13-16.

温泉沛,周月华,霍治国,等,2018.湖北暴雨洪涝灾害脆弱性评估的定量研究[J].中国农业气象,39(8):547-557.

伍朝辉,2005.保护湖北省水环境实现水资源可持续利用[C].武汉:湖北省科协第三届湖北科技论坛论文集,65-68.

武汉理工大学、湖北省气象学会课题组,2013.湖北科学防灾若干战略问题研究[Z].2013-12.

肖加元,刘杨,肖莉芹,2016.湖北省水资源综合治理与开发利用研究[J].财政经济评论,(1):88-107.

谢萍,2017.决策气象服务会商与联动服务分析[J].安徽农业科学,45(33):227-229.

胥卫平,李括,2009.雨洪资源利用对国民经济影响评价[J].商场现代化,(9):229-230.

徐双柱,陈静静,王青霞,2018.南岳山、庐山高山站风场对长江流域梅雨锋暴雨的指示作用[J].暴雨灾害,37(3):213-218.

许莉莉,蔡道明,吴宜进,2011.1959—2008年湖北省暴雨的气候变化特征[J].长江流域资源与环境,20(9):1143-1148.

闫轲,方国华,黄显峰,等,2011.雨洪资源利用进展与利用模式探索[J].水利科技与经济,17(3):58-60.

严立冬,2001.湖北水资源可持续利用的战略选择[J].生态经济,(10):31-33.

姚长青,杨志峰,赵彦伟,2006.分布式水文-土壤-植被模型与GIS集成研究[J].水土保持学报,20(1):168-171.

尹功成,梁文举,1993.辽宁省灾害区划初探[J].生态学杂志,12(4):61-65.

曾齐林,2017.科学调度实现防汛发电双赢的探索与实践[J].经济管理,(2):337-338.

张红梅,2012.湖北省水资源现状及其利用对策浅析[J].湖北水利水电职业技术学院学报,8(1):10-12.

赵鑫钰,2007.洪水也是宝贵的水资源[J].四川水力,26(6):114-117.

《中国气象灾害大典》编委会,2007.中国气象灾害大典·湖北卷[M].北京:气象出版社.

中吴网,2016.实力 Max!"大富苏"时代,常州敢这样许下诺言[EB/OL].(2016-11-19)
[2019-05-07].http://www.zhony5.cn/article-426129-1.html.

周悦,周月华,叶丽梅,等,2016.湖北省旱涝灾害致灾规律的初步研究[J].气象,42(2):
221-229.

图 1.13　自建站至 2010 年湖北省日降水量极大值分布图(单位:毫米)

(崔讲学,2015)

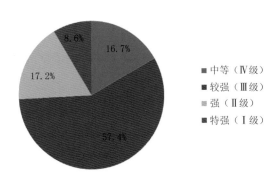

图 2.25　1961—2017 年湖北省不同强度区域性暴雨事件百分比图

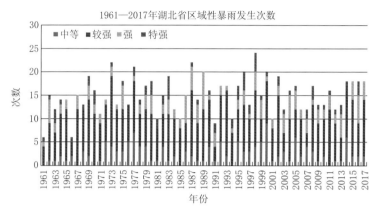

图 2.26　1961—2017 年湖北省不同强度区域性暴雨事件时间序列图

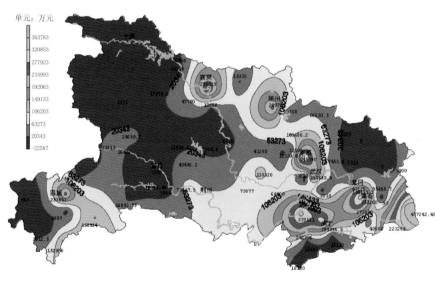

图 3.1　湖北省暴雨洪涝灾害损失分布图(1996 年 10 月到 2005 年 10 月)

(来源:武汉中心气象台)

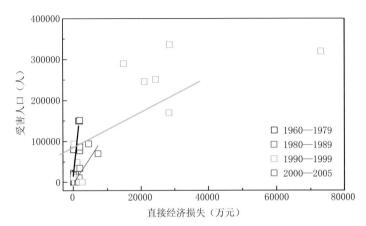

图 3.2　湖北省洪涝灾害受灾人口与直接经济损失的相关特征图

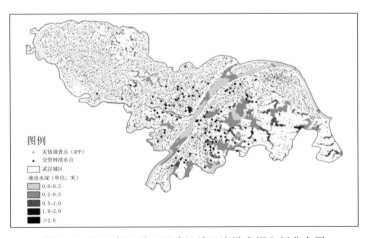

图 4.4　2016 年 7 月 6 日武汉城区淹没水深空间分布图